東大の先生!

文系の私に超わかりやすく算数を教えてください!

東京大学教授 **西成活裕**
聞き手 **郷 和貴**

はじめに

「そもそも式ってなに？」
「なぜ九九を暗記しないといけないの？」
「分数って何者なの？」
「なぜ分数の割り算って、ひっくり返して掛けるの？」

　小学生の子どもからこのような質問をされて、みなさんは答えられるだろうか。

　小学生の娘を持つ私は、いままでなら「疑問を持つことって超大事！　じゃあ明日、先生に聞いてみて！」とそれっぽいことをいって逃げ回っていた。

　だが、今回、東京大学の西成活裕先生から小学校算数に関するマンツーマン指導を受けたことで、「算数に関することならパパになんでも聞いて」と自信を持っていえるようになった。

　冒頭の質問も、いまなら子どもが理解できるレベルまでかみ砕いて説明できる。それ以外にも、子どもが授業でひっかかりやすいところは西成先生が丁寧な解説をしてくれたので、**この本を最後まで読めば、学び直しができるのはもちろん、誰でも子どもに算数を教えられるようになる**はずだ。

　文系人間を代表して西成先生から理系科目を教わる本シリーズは、20万部を超えるヒット作となった「中学数学」(『東大の先生！　文系の私に超わかりやすく数学を教えてください！』)からはじまり、「高校数学」「高校物理」とカバーしてきた。

理系科目は積み上げ式の学問なので、「中学→高校」「数学→物理」という流れで学び直しをしたことで、私の数学に対する苦手意識はかなり薄れていた。

　だから編集者から「今度は算数をやりましょう」と連絡を受けたときは、「いまさら小学校 !?」と思ったくらいである。

　たしかに小学校算数の需要は高い。
　文系人間のなかには小学校でつまずいた人も多いし、小学校高学年や中学生くらいになって算数を基礎から短期間で学び直したい子どももたくさんいる。親仲間から「子どもに教えたいから算数の本をつくって」とせがまれたこともある。

　とはいえ、高校物理まで学び直しをした私がいまさら「なにも知らないキャラ」で小学校算数を教わるのは辻褄が合わないのではないかと思ってしまったのだ。

　しかし、それは杞憂に終わった。

　私が「知っている」と思っていた小学校算数は表面的なところ（＝教科書的なところ＝公式や筆算の仕方などのテクニック）だけで、**西成先生は私が知らなかった算数の世界の扉を開けてくださった**。

　まさか、小学校算数を学び直してここまで賢くなれるとは思っていなかった。

　みなさんにもその感動体験をぜひ味わってほしいと思う。

郷　和貴

Nishinari LABO

Contents

東大の先生!
文系の私に超わかりやすく
算数を教えてください!

はじめに ………… 2
登場人物紹介 ………… 18

1日目 なぜ、算数こそしっかり学んだほうがいいのか

1時間目 知られざる「算数の世界」

子どもに算数を教えるのは難しい！ ………… 20
算数と数学の違いから見えてくるもの ………… 22
「算数は道具」とは、どういう意味？ ………… 24
大人こそ、算数で
「数学アレルギーの根本治療」を ………… 25
算数で大切なのは直感と論理 ………… 27
なぜ、算数で直感力を鍛えられるのか ………… 30
AI時代の武器になる能力 ………… 32
6年分をいっきに学ぶ本書の構成 ………… 35

2時間目 数の世界へようこそ

- 最初に遭遇する壁、「位」と「ケタ」を攻略 ……… 38
- 10進法だけじゃない「身近な数のかぞえ方」 ……… 41
- 1、2、3、一、二、三、Ⅰ、Ⅱ、Ⅲ……、数の書き方の種類 ……… 44
- 一人ぼっちの「奇数」とそれ以外の「偶数」 ……… 48
- ケタの多い数字を読むコツ ……… 50
- 大人が使いこなせていない「およそのかぞえ方」 ……… 53
- 「式」とは算数の世界で使う言語 ……… 56
- ＝（イコール）の右と左の関係 ……… 60
- 他にもある、関係を示す記号 ……… 63

2日目 【代数】意外に知らないことだらけの「＋－×÷」

1時間目 四則演算の基本！「足し算」をマスター

- 引き算、掛け算、割り算もすべて足し算 ……… 66
- 「＋」という記号が表していること ……… 67
- 徹底的に1ケタの足し算を学べ！ ……… 69
- くり上がりを頭の中でどう計算するのか ……… 71

計算力強化の「同じ数+同じ数」 …………… 74
賢い人の足し算の順番 …………… 75
かっこいい、「かっこ」の使い方！ …………… 77
筆算とは計算を紙で行うテクニック …………… 80
足し算の筆算、基本ルール …………… 81
くり上がり筆算の基本ルール …………… 84

2時間目 くり下がりも怖くない！「引き算」をマスター

「何から何を引くか」という感覚が肝！ …………… 88
引き算で求めるのは「差」 …………… 90
くり下がりが起こるパターンを攻略 …………… 92
引き算の筆算、基本ルール …………… 96
2ケタ以上を暗算で解くおすすめの方法 …………… 99
差がマイナスになる式は「解なし」 …………… 100

3時間目 九九できるの天才！掛け算をマスター

掛け算とは、超効率よく足すということ …………… 102
意外と出番の少ない「×」の正体 …………… 104
九九の覚え方のコツ …………… 106
覚えるべき九九は36パターンまで絞り込める …………… 108
0のある掛け算はボーナス問題 …………… 112
掛け算の筆算、基本ルール …………… 113
割合でポイントになる「倍」という言葉 …………… 121

掛けられる数、掛ける数の順序問題 ……… 122

イメージで攻略！
割り算をマスター

ケンカが起きないように分配しよう ……… 126
割り算の意味「カタマリがいくつあるか」 ……… 127
割り算のしかたは、掛け算がベース？ ……… 130
割り算したのに「余り」がでて割り切れない ……… 132
「商」と「余り」の【重要性質】 ……… 135
割り算の「かんたんに」暗算できるケース ……… 136
割り算の「頑張れば」暗算できるケース ……… 138
割り算の筆算、基本ルール ……… 140
割り算の計算結果をチェックする「検算」 ……… 144
「割る0」には近づくな ……… 145

ミックス計算も、
すらすら解ける！

＋－×÷が混ざった式は解法順序しだい！ ……… 148
かっこいい、「かっこ」の外し方 ……… 152
ネコでイメージする「逆算」 ……… 154
ミックス計算の逆算で総仕上げ！ ……… 158

3日目 【代数】これで克服！小数、分数を真に理解する

1時間目 1より細かい世界！小数をらくらくマスター

もし、小数がなかったら……　……… 164
ひと癖ある小数をミスなく足し算、引き算　……… 167
ひと癖ある小数をミスなく掛け算　……… 168
小数の割り算　〜割られる数が小数の場合〜　……… 170
小数の割り算　〜割る数が小数の場合〜　……… 171
小数の割り算　〜意味を理解〜　……… 173
「2.0」か「2」か、小数の答え方問題　……… 174

2時間目 もっと早く知りたかった！分数をスパッとマスター

分数はイメージ　……… 176
「分数は割り算」ってどういうこと!?　……… 177
「分数は数ですらない」って!!??　……… 180
「割り算の性質」は「分数の性質」に通じる！　……… 182
役立つ強力な武器「最小公倍数＆最大公約数」　……… 183

約分して分数をスリムに ……… 187

もう怖くない！分数の計算をマスター

分数の足し算、引き算の単位をそろえる ……… 190
「分母をそろえる」=「目盛りをそろえる」 ……… 196
分数の掛け算を意味から深く知る ……… 197
分数の割り算を攻略！ 〜分数で割る〜 ……… 202
分数の割り算を攻略！ 〜整数で割る〜 ……… 205
分数の割り算を攻略！ 〜計算を真に理解〜 ……… 206
小数を分数に変換する方法 ……… 209

壮大な歴史でわかる単位の世界

単位をなるほどマスター！

単位を使えないと何も測れない！ ……… 214
長さの単位は「"これ"の何こ分？」 ……… 215
「1メートル」は地球を測って生まれた!? ……… 217
mmも、cmも、kmもSI接頭語で一発！ ……… 220
重さの基準の発展がすごい！ ……… 222
ややこしい容量の単位を整理 ……… 225

4日目 【代数】アレルギーの元凶！割合と比を基礎から丁寧に

1時間目 言葉の整理だけで、割合は8割マスター

一生使えるスキル「割合と比」 ……… 230
割合とは何か ……… 231
割合は「基準となる数」がわかれば8割OK！ ……… 234
割合の「注目している数」は、実はよく目にしていた ……… 236
おすすめは、割合を最初から分数で考える ……… 237
「1とみなす」は最高のヒント ……… 241

2時間目 表し方で、割合と比の扱いをマスター

割合の表し方①　〜〇倍〜 ……… 244
割合の表し方②　〜百分率（％）〜 ……… 245
割合の表し方③　〜歩合〜 ……… 249

大きさの関係が一瞬でわかる「比」 ……… 250
実用性がさらに上がる！「比の値」に変換 ……… 253
日常生活でも役立つ！ 比の計算法 ……… 255

3 時間目 割合の使いこなし方をマスター

割合の問題を解いてみよう ……… 258
迷ったらかく！ 西成流「割合図」 ……… 260
比較対象が多いときにも「割合図」が使える ……… 264
「時間」「速さ」「距離」も割合 ……… 266
「人口密度」「燃費」も割合 ……… 268
比がわかれば、「比例」「反比例」も一撃！ ……… 271
大人こそ使いこなしたい「原価率」「売値」計算 ……… 277

補講 2 使い分ける！グラフ・データ活用をマスター

1 時間目 データとグラフの見方と使い方

なぜ、人はデータ・グラフにするのか ……… 282

棒グラフ、円グラフ、帯グラフ …… 283
折れ線グラフ …… 286
グラフは自由だ …… 287

2時間目 データのつくり方

平均の求め方 …… 290
ドットプロット …… 292
度数分布表 …… 293
ヒストグラム …… 295

5日目 【幾何】「ひらめく」「妄想する」「楽しむ」図形の世界

1時間目 妄想できたら、図形の8割はできたも同然

図形は数学の原点 …… 298
メタバースは役に立つ？ …… 301
図形の名前は「かど（角）」がポイント！ …… 303
図形の基本は「点」 …… 306
立体図形は「面の数」に注目 …… 307

図形を特殊能力で グループ分け

二等辺三角形の特殊能力とは? ……… 312
グループ分けして頭の中も整理整頓 ……… 313
角度はとんがり具合 ……… 315
なぜ直角は「90」度なのか? ……… 317
角度は360度以上ある ……… 319
コンパス不要、完璧な円のかき方 ……… 320
「どんな形を円というか」、説明できますか? ……… 321
円は三角形の集まり!? ……… 323

図形をグニョグニョ動かして わかること

2つの直線の特殊な関係　〜平行と垂直〜 ……… 324
ズカズカ横切る「対角線」 ……… 326
ど〜んな三角形も、角を足し合わせると180° ……… 327
一番特殊な四角形は「正方形」!? ……… 328
ど〜んな四角形も、角を足し合わせると360° ……… 330
正多角形の角の数を増やすと
見えてくる「あること」 ……… 331
四角形を「動き」でとらえてみる ……… 332
立方体もグループ分けで整理整頓 ……… 333
見えない世界を見る練習、「展開」「見取り図」 ……… 334

4時間目 図形の抽象的なアイデア

ピッタリ重なり合う図形 ………… 338
三角形の合同条件 ………… 339
左右同じ形の「線対称」、
回転させて同じ形の「点対称」 ………… 342
線対称は「鏡」のイメージ ………… 343
点対称は「ピン留め」のイメージ ………… 345
間違えやすい「拡大」と「縮小」 ………… 346

5時間目 パズルのように解ける！面積の求め方

「長さに基づいて広さを決めちゃおう」が面積 ………… 350
「面積はかぞえあげているだけ」ってどういうこと？ ………… 352
面積の基本単位とは？ ………… 354
1分でわかる「平行四辺形」の面積 ………… 357
1分でわかる「三角形」の面積 ………… 359
1分でわかる「台形」の面積 ………… 360
1分でわかる「ひし形」の面積 ………… 362
なぜ、円周の長さは直径の3.14倍か ………… 363
小学生もわかる！ 円周率が3より大きい理由 ………… 365
ピザでわかる！ 円の面積の求め方 ………… 367

6時間目 おもしろいように解ける！体積の求め方

- 体積とは「空間の広さ」 ………… 372
- 直方体の体積は、基本単位が「何こ入るか」 ………… 374
- どれが「たて」で、どれが「高さ」？ ………… 376
- 角柱、円柱の体積がサクッとわかる ………… 377
- 体積と容積の変換 ………… 379

補講3 アナログ時計の読み方をマスター

1時間目 大事なのは「ざっくりでOK」ということ

- 混乱のポイントは「時間の単位」 ………… 382
- 「1日」を24分割したものが「時」 ………… 384
- 「1時間」を60分割したものが「分」 ………… 387
- アナログ時計は短針だけ見ればいい ………… 388
- 「分」は大きな刻みからかぞえる ………… 390

おわりに ………… 392

装丁：小口翔平＋青山風音（tobufune）
本文デザイン：高橋明香（おかっぱ製作所）
DTP：茂呂田剛、畑山栄美子（エムアンドケイ）
校正：メビウス、円水社
イラスト：meppelstatt

登場人物紹介

教える人
西成活裕先生
にしなりかつひろ
東京大学大学院工学系研究科教授

渋滞学の生みの親で、42歳という若さで東大教授になった超天才。それなのに、小学生に微分積分の概念を教えるなど草の根的な活動まで行っているスゴい先生。趣味はオペラ(歌うほう)と競馬。

教わる人
私(郷和貴)
ごうかずき
物書きを生業としている生粋の文系人間
なりわい

西成先生から中学数学、高校数学、高校物理の学び直しを受けてきたド文系ライター。小学生の娘に算数を教えたい一心で、改めて先生に教えを乞うことに。

#　1日目

なぜ、算数こそしっかり学んだほうがいいのか

Nishinari LABO

LESSON 1

1日目　1時間目

知られざる「算数の世界」

算数の楽しさを知らないまま挫折を経験し、算数や数学をあきらめる人はたくさんいます。そんな大人や子どもの苦手意識を西成先生がぶっ壊します。まずは、算数を学ぶ目的について聞いてみましょう。

⇨ 子どもに算数を教えるのは難しい！

西成先生、お久しぶりです。高校物理を教えていただいてから数年も経ってしまいましたね。

その間、アメリカに住まわれていたと編集者さんから聞きました。娘さん帰国子女じゃないですか。かっこいい。何歳になられました？

もう7歳ですよ。

おお。じゃあ、このシリーズをはじめたときの郷さんの狙い、**「娘に数学を教えたい！」** はいよいよ実現しているんじゃないですか？

いやぁ……それが。

あれれ。

小学校低学年なら余裕だろうとなめていたんですけど、むしろ難しくないですか？ 娘から**「なんでこうなるの？」**みたいな質問をされると、**「素晴らしい着眼点！」**と感心する自分と、「そこ突っ込むかぁ……」と面倒くさがる自分がいる（笑）。

算数って、それ以上、話をかんたんにできないことが多くないですか？

わかります。**自転車に乗れるから自転車の乗り方をわかりやすく伝えられるかといえばそうではないのと同じ**で、算数を教えるのはかんたんではありません。だから私もこの企画はずっと後回しにしてきたんです（笑）。でもやっぱり読者の方や同僚などからも**「算数が先だろ！」**といわれるんですよ。

私も親仲間からすごくいわれるし、**大人でも「算数からちゃんと学び直したい」**という人はけっこう多いんですよね。

ここは腹をくくってやりますか。

お願いします！

算数と数学の違いから見えてくるもの

最初はやっぱり **「なんのために算数を学ぶのか」** ですね。娘もよくわかっていない気がするんです。「学校で教わるもの」「毎日宿題としてでるもの」。それ以上でも以下でもない、みたいな。

なるほど。じゃあ、目的からいきましょうか。
まず **算数と数学の違い** から説明しますけど、わざわざ科目の名前を分けていますよね。

あ、それ気になっていたんです。アメリカだと小学校も中学校も「math」です。

ですよね。**「算数」の文部科学省による英訳って「arithmetic」なんですけど、「数学」のもっとも基本的な分野です。** 個人的には **「算術」** という和訳がしっくりくる気がしますね。

計算する術(すべ)？

はい。**「数」や「形」の扱いに慣れ、その性質を学び、かんたんな計算をできるようにするのが算術です。** どれくらいのレベルを求めるかというと、日常生活で困らないレベル。
具体的には主にこんなことを学びます。

ここが ポイント！ 算数で学ぶ主なこと

- ☑ ものをかぞえられるようになる
- ☑ 四則演算ができるようになる
- ☑ 小数、分数を扱えるようになる
- ☑ 割合の考え方や計算ができるようになる
- ☑ さまざまな図形の性質を知り、長さや角度、面積、体積などを計算できるようになる
- ☑ さまざまな単位の変換ができるようになる
- ☑ 時計が読めるようになる
- ☑ グラフや表が読めるようになる

 たしかに大人になって持っていないとキツいスキルばかりですね。日常生活、かつ計算に特化した感じ。

 そう。だから算数を学ぶときは計算スキルを確実に身につけるためにある程度、問題をこなす必要があります。
毎回、**算数のテストで 80 点だったとしても喜んでいる場合ではなくて、間違えていたところが、中学校以降でつまずくきっかけになりやすい**んです。

 「**算数レベルなんてかんたんだよ**」って思っている人が、飲み会の割り勘になるといつも間違える、みたいな。

 そう（笑）。信用問題に直結することもありますね。

1日目 なぜ、算数こそしっかり学んだほうがいいのか

「算数は道具」とは、どういう意味?

ただ「計算ができるようになる」という話なら数学も同じじゃないですか?

中高の数学はそうかもしれませんけど、**数学の最終的な目的って自ら問いを立て、数学的なテクニックや理論を使ってそれを解くこと**だと思うんです。そういう意味では小学生のときにどれだけ計算が速く正確に解けたとしても、その子が優れた科学者になる保証はありません。

計算の速さと正確さはコンピュータに勝てないですからね。

まさにそういうこと。**算数や数学はあくまでも道具であり、武器であり、課題解決のための手段**です。小学校の算数ではその道具の扱い方の基礎を学ぶわけですけど、最終的には「道具をどう使うか」が重要になってくるんですね。

中学数学の本で先生がおっしゃっていた、**「数学が役に立たないと思っている人は、数学を役立てようとしていないだけだ」**ですね。

そう。こんなことを書くと純粋数学の先生たちに怒られるから、ちゃんとフォローしておくと、純粋数学もめちゃくちゃ主体的で創造的な行為なんです。だって彼らは数学的テクニックや理論そのものを新たにつくりだそうとしているわけですからね。誰かに命令されてやっているわけでもないし、そもそも教わったことだけに固執していたら新しい発見はできません。

なるほど。そうはいっても娘が宿題で算数のドリルと格闘しているのを見ると、機械的な感じがしてかわいそうに感じるときがあるんですよね。

気持ちはわかります。ただそれは「受験のため」でも、「親や先生に褒められる（叱られない）ため」でもなく、**「自分が社会にでたときに困らないため」、そして「自分が社会に対して貢献するため」**だということをしっかり教えてあげてほしいと思います。

わかりました。

⇨ 大人こそ、算数で「数学アレルギーの根本治療」を

てっきり算数って中学以降の準備だと思っていました。

もちろんその側面もあります。だからアメリカだと小学校でもmathと呼ぶし、**算数をマスターしていないと中学以降の数学についていけません。**

それはそうですよね。中学の数学って、いきなり概念的な世界に飛び込むじゃないですか。

小さい子どもって抽象的なことを考える力が育っていないことが多いので、数学を早め早めに教えればいいという話でもないんです。

たとえば x が出てきて、方程式を解いて、それをグラフで書いて、みたいな。

そう。レベルが上がるにつれ、現実世界から遠くなるのが数学の宿命。でも、小さい子どもにはそれが難しい。

だから「A子さんからりんごを2こもらいました」みたいな**身近なところからまず入って、少しずつ話の抽象度を上げていくという微妙なサジ加減が算数教育では大事**です。

今回、改めて小学校の教科書を読みましたけど、サジ加減という点ではすごく気を遣っているなという印象を受けました。

あら。めずらしく文科省を褒めていますね（笑）。

ただ、子どもの脳の発育速度や理解度はバラバラだから、理解が追いつかなくなる子どもが出てくるのは当然ですよね。

このあたりは最近、普及が進んでいるAI型教材などで解消されてほしいと願っています。あと**声を大にしていいたいのが、算数は小学生レベルにしてはとにかく難しい。特につまずきやすい**のが「割り算」「分数とその計算」、そしてなんといっても「割合や比」です。

グッ。割合はいまだに超苦手です。

これらは中学生以上のレベルです。

それを小学生のうちにマスターしないといけないのはキツイ。でも、中学生になったら他にも学ぶことが増えるので、算数を学び直すこ

となく、次へ、次へと進む。気がついたら文系に一直線という人も多いんじゃないかなと思うんです。

それ、わかる気がします。

だから今回、**大人こそ読んで学び直しをしていただきたい**ですね。さしずめ**「数学アレルギーの根本治療」**。数学への道を取り戻してほしい。

数学が苦手だった原因は、算数にあったんですね。
これまでのシリーズは、中学数学版ではラスボス「二次方程式」などを倒し、高校数学版では「微分積分」や「ベクトル」を学んだ。そして「物理編」に飛び、理系の新境地にたどりついた。

……そう思ったんですが、耳元で「お前はまだ文系だ」って声がしていた気がするんですよ。

割り算、分数、割合こそが算数のラスボスです。

ぜひ、倒しましょう‼

⇨ 算数で大切なのは直感と論理

先生は以前、**「数学を勉強する目的は論理的思考力を養うこと」**っておっしゃっていましたけど、それは算数でも同じですか？

うっ！

どうしたんですか？ 変な汗がでてますよ。

テレビの全国放送でもそういっちゃったんですけど、この場を借りて発言を訂正します。

〇コちゃんに怒られますよ（笑）。

いや、最近ね、**数学で大事なのは論理的思考力だけじゃなくて、直感力も大切**だなとつくづく思うんですよ。

直感力？

はい。「**イメージ**」や「**感覚**」といってもいいです。論理が大切である事実は１ミリも揺るがないんですけど、同じくらい直感も大事だと考えるようになりました。
先日亡くなった、ノーベル経済学賞を受賞したダニエル・カーネマン博士の「システム１」「システム２」という思考回路のモデルはご存じですか？

ああ、「プロスペクト理論」でしたっけ。ひと昔前のビジネス書によく書いてありました。

そうそう。「直感」や「イメージ」で瞬時に結論を出せるのがシステム１の「**速い思考**」。「論理的」にじっくり考えて結論を出せるのがシステム２の「**遅い思考**」。
「人はこの２つの思考回路を使い分けていて、必ずしも合理的な判断をしているわけじゃない」と博士はいったわけです。

ふんふん。

で、私がいままで「数学を学ぶ目的」として主張してきたのが、「論理的思考力(システム2)を鍛えること」だったんですよ。なぜなら数学の問題を解いているときってふだんの脳の動きとは異なり、システム2にめちゃくちゃ負荷がかかるからです。その経験を子どものときから何度もしていると、数学に限らず、**なにか物事を考えるときに感情に引きずられたりしないで、筋道立てて考えることが得意になる。そのメリットは大きいよね、**という話をしてきたんです。

……いままでは。

歯切れが悪いですね。

実は、数学の世界って論理的思考だけじゃなくて、直感やイメージもめちゃくちゃ大事だったんです。
先日、衝撃的なデータを知ったんです。
慶應義塾大学の今井むつみ教授が広島県の小学校で行った調査によると、「$\frac{1}{2}$ と $\frac{1}{3}$ のどちらが大きいか」という問いに対して、**5年生の正答率が5割を切っていた**そうです。

え! 小学5年生なら分数を習いたてじゃないですか。

肝心の**分数の「意味」を理解できていない**んです。大きさの比較なら、たとえば $\frac{1}{2}$ と $\frac{1}{3}$ の大きさのピザをイメージできたら答えられるはず。それができていないのはさすがにまずいです。直感がはたらいていないんじゃないか、と。

たしかに、衝撃的なことかも……。でも、なんでそんなに直感が大事なんですか?

そもそも論理的思考だけだと、数学ってまったく進化していないはずなんです。
たとえば、アイザック・ニュートンは運動の3法則や万有引力の法則を導きだすために「加速度（速度の変化の度合い）」という、それまで科学の世界で存在しなかったアイデアを思いつき、さらにそれを計算する手段として「微積分」という計算方法までつくりだしてしまいました。

物理編でやりましたね。そうでした。

でもそれって、従来の数学や物理のロジックをいくら緻密に積み上げても、たどりつかないわけですよ。

「ひらめき」が必要になると。ビジネスの世界もそうですよね。

そう。あるいは「あれ？　なんか違くない？　こっちじゃない？」という動物的嗅覚みたいなものです。

なぜ、算数で直感力を鍛えられるのか

ただ、いまの話って大学以上の数学に携わる人の話であって、私のような文系人間や、小学校の算数ではあまり関係ない気がしたんですが……。だって正しく計算できるようになることが算数の目的ですよね？

いや、算数でもイメージや直感って大事なんです。
もちろん**算数や数学の世界で論理が破綻すると計算ミスに直結**

しますから、**論理的思考が大切なことは変わりません。**システム2は絶対に必要だし、鍛えないといけません。
ただ、そこにイメージや直感も織り交ぜていくと、算数や数学がよりかんたんに思えてくるんじゃないかなと思うんですよ。

具体的には？

先ほどいった「分数をみたときにピザが思い浮かぶ」もそうだし、**図形問題なんて完全に「イメージできたもの勝ち」**の世界なんです。

どれだけ論理的思考が得意な子でも、目の前にある三角形を頭の中でクルンと回転させたり、裏返したりできないとなかなか解けません。

あるいは計算問題で「2933 + 4015」という問題があったとします。これ、論理的思考だけ使う子どもは、いきなり一の位から問題を解こうとしますよね。

そうでしょうね。

ここでイメージや直感を織り交ぜるとは、いきなり解こうとせずに、**「ざっくりどれくらいの数になるかな？」**って考えることなんですよ。

「2933 はほぼ 3000。4015 はほぼ 4000。だから『2933 + 4015』の答えは 7000 くらいだろう」ってざっくり計算する。そうするとたとえ計算ミスをして答えが「7948」になったとき、「あれ？ 1000 もずれるわけがないだろう。もう一度計算してみよ

う」って思えるはずです。

あ、それわかります。以前、娘に「15＋7」みたいな問題をさせたときに、じーっと考えた末に「12」って答えたんですよ。「なんで減ってんねーん！」ってツッコミたくなりましたけど。

いきなり正確な答えを出そうとして焦ったんでしょうね。「15に7を足したら20を超えそうだな」とまずはざっくりイメージをつかむ。細かい計算はそのあとでいいんです。

この「まずはイメージをつかむ」解き方は、とくに算数が苦手な子どもたちにぜひ教えたいですね。

⇨ AI時代の武器になる能力

イメージや直感から入ったとしても、最終的には論理的思考を使わないと問題は解けません。図工だったら直感オンリーでもいいんですけど、算数や数学ではそうはいきません。

すると、当初のイメージや直感とは異なる答えになることもあるんです。たとえば「3枚の丸いピザを$\frac{1}{3}$で割ったら何枚か」という問題を見たとき、ひとり1枚ずつ食べているイメージが思い浮かぶ人もいるはずです。大人でも。

違うんですか？

ほらいた（笑）。「3で割る」のではなく、「$\frac{1}{3}$で割る」なので、論理的に考えてみると答えは「9枚」。

「3枚の丸いピザのなかに、$\frac{1}{3}$の大きさのピザの切れ端は何枚ありますか？」という問いなので、答えは9枚です。

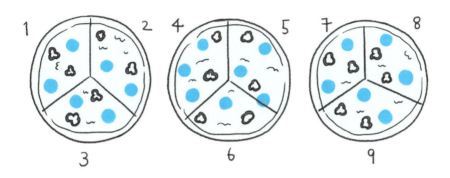

あっ、そっか。

いまみたいに直感と論理を切り替えながら算数や数学に取り組んでいくと、**最初にパッと浮かぶイメージや直感が少しずつアップデートされていくんです。**

AIでいう、学習データが増えて精度が上がるみたいな。

そう。あるいはビジネスの世界でいう**「経験則」**のことですね。「うちの社長、感覚的な意思決定しかしないし、ロジカルな話は苦手だけど、社長のいうことに従っていればなぜかうまくいくよね」みたいな世界です。

います、います、そういう人（笑）。

でしょ（笑）。そういう人って過去にいろんな成功体験と失敗体験をしていて、意識せずともちゃんと学習しているんですよ。だからいちいち論理的思考を使わなくても、それなりの精度で答えがでてしまう。

私がこの本で提唱したいのは、システム１とシステム２をカチャカチャ切り替えながら、システム１自体の精度を上げていくことを「意識的に」行うことです。

どうやって？

イラストを使ったり、子どもたちに身近な例を使ったりして、できるだけ「意味」を理解してもらうように努めます。
機械的に計算を解くだけが算数じゃないので、ちゃんと腹落ちさせたいんです。同時に、算数や数学の世界の面白さも伝えられたら理想かなと思っています。

意識的に直感と論理を行き来する脳を鍛えることは算数や数学に限らず、大人になったときに絶対に役立つと思うんですよ。どっちかに偏っていてもそれは個性として別にいいんですけど、直感と論理を両方使える人ってこれからは希少価値が高いと思うんです。

たしかにAIがより身近な存在になりますからね。

そう、それもあるんです。論理的思考がめちゃくちゃ得意なAIが「自分のもうひとつの脳」として身近にある時代にすでに突

入したことを考えると、イメージや直感はなおさら大切だと思うんです。

6年分をいっきに学ぶ本書の構成

そういえば数学の3大ジャンルは「幾何（図形）」と「代数（方程式）」と「解析（微積分）」でしたよね。算数はどこにあてはまるんですか？

全部です。とくに四則演算は数学のあらゆるジャンルで使う超ベーシックな道具なので。

構成はどうしますか？ 学年別の教科書に従うと話があっちこっちに行きそうで。

そうですね……。そもそもこの本は小学校低学年の子が最後までいっき読みすることは想定していません。
郷さんみたいに子どもに算数を教えたい大人とか、算数を短期間で学び直したい中学生、そして学び直ししたい大人向けですよね。

そう考えるとある程度話をまとめたほうがわかりやすいと思って、学習指導要領を勝手に分解、再構成して、こんな大胆な構成を考えてみました。

● 小学算数で習う単元

代数	幾何	解析
数のかぞえ方	図形の性質	比例と反比例
式の表し方	図形の分類	
四則演算	多角形の性質	**それ以外**
四則混合計算	円の性質	単位
小数	立方体の性質	さまざまなグラフ
分数	面積の求め方	平均の求め方
割合	体積の求め方	ドットプロット
		度数分布表
		ヒストグラム
		時計の読み方

こんなにきれいに整理できるんですね（笑）。

学年を無視すればいろいろいじることができます（笑）。低学年で習うような初歩的なものが前半にくるように調整していますが、4、5、6年生あたりの内容はかなり入り乱れて説明することになると思います。また、**教科書を見直せば理解できそうなところにはあまり紙面を割かず、多くの人が引っかかりそうなところに力点を置きました**。そこはご了承ください。

では、そろそろ最初の話をはじめますか。
まずは四則演算に入る前の、ある意味で算数のもっとも本質的な部分の話をしましょう。数や式の話です。

1日目

なぜ、算数こそしっかり学んだほうがいいのか

LESSON 2 時間目 数の世界へようこそ

1日目

算数の世界に飛び込む前に「なぜ数はこう数えるんだろう」「式ってなんだろう」「そもそも算数ってなんだろう」という本質的な部分から学んでいきましょう。

⇨ 最初に遭遇する壁、「位」と「ケタ」を攻略

算数のはじめの一歩って、やっぱり数をかぞえることだと思うんです。まずは100くらいまでかぞえられるようになる。2つの数字があったときにどちらが大きくて小さいか理解できるようになる。このあたりがマスターできないと算数の世界は前に進めません。

私もよく小さい子たちと遊ぶんですけど、20くらいまでかぞえることは小学校に入る前からできる子が多いですよね。

体験を通して学びますよね。かくれんぼの鬼役になったので数をかぞえないといけない。お菓子を友だちと平等に分けるために数をかぞえないといけない。こういう経験をしていたら自然と覚えると思いますね。

そういう意味では、算数の授業でほとんどの子がはじめて遭遇する大きなはてなマークは「位」や「ケタ」という概念だと思うんです。足し算を習うときに「一の位、十の位」という

謎の言葉がいきなりでてくるんですね。

そうでした！　しかも説明が難しくて、ひたすら「カタマリ」と説明していました。

それが正解だと思います。学校では図を使いながら、1というタイル（単位）が10こ集まったら10というひとつの大きなタイルになるよという教え方をやるんですね。あるいはシールをいっぱい貼って、10こずつ丸で囲ませる、みたいなね。

でも結局はカタマリなんです。

ここが ポイント！ 位とケタ

10は、1が10こ入ったカタマリ
100は、10のカタマリが10こ入ったカタマリ
1000は、100のカタマリが10こ入ったカタマリ

あと、100までかぞえるときも実はぼんやりと位は意識しているはずです。「10までいったから次は10に1を足した11になるんだな」とか「19までいったから10のグループは終わりだな」みたいに、**10という区切りが重要であることを感覚的に覚えていきます。**さらに、99の次に100という新しい位があることを知るわけですね。そのときに「この100って、10のタイル10こ分のでっかいタイルだ」とイメージできれば十分でしょう。

そのパターンさえ覚えてしまえば、あとは知っている位の名前を増やしていくだけ。小学校だとこんなペースで教えますよね。

> 1年生　一、十、百
> 2年生　千、万
> 3年生　十万、百万、千万、億
> 4年生　十億、百億、千億、兆

 これ、つい先取りして教えたくなるんですけど、なかなか覚えてくれなくて。

 理解が早い子どもなら先取りしてもいいと思いますけど、焦らず、まずは小さいケタの数字を確実に読めるようになることが大事かもしれません。基本はとにかく**いろんな数字を読んでみること**。

まずは値札読みごっこを駄菓子屋からはじめて、慣れてきたらコンビニ、家電量販店とステップアップしていく感じでいいんじゃないでしょうか。

 最終的には不動産屋ですね（笑）。

🡢 10進法だけじゃない「身近な数のかぞえ方」

そういえば娘がアメリカで少し混乱していたのが、英語だと 11、12 は eleven、twelve で、ten one、ten two とはいわないですよね。21 は twenty one なのに。

12 進法の名残ですね。それは大事な指摘で、私たちがふだん使っているかぞえ方って **10 進法** と呼ばれるものなんです。**10 をひとカタマリとしてとらえ、10 までかぞえたらケタがくり上がるというかぞえ方のルールのこと。** 英語圏をはじめヨーロッパは歴史的に「12」をひとカタマリとしてみる 12 進法の文化なんです。

ヨーロッパはその後、フランスが頑張って 10 進法に基づくメートル法（国際単位系）の普及につとめ、日本もそれに従っているわけですが、12 進法の名残はいっぱいありますよね。

12……。そういわれてみると 1 年は 12 カ月ですね。

それ以外にもアナログ時計は 12 分割されているし、1 ダースは 12 こだし、1 フィートは 12 インチ。イギリスにいたっては 50 年前くらい前まで自国通貨が 1 シリング 12 ペンスでしたから。

いたるところに 12 が！ じゃあ、10 進法だけが数のかぞえ方じゃないと。

そういうことなんです。
それをいつ子どもに教えるかは親御さんに任せますけど、「かぞえ方は 10 進法だけじゃない」と知っていることはとても重要。

というか、そもそもなんで10なんですか？

 10進法の起源は諸説ありますけど、説得力があるのは「手の指の本数が10だから」説。指を折ってかぞえるのに適していると。

 たしかに12進法では指でかぞえられないですね。

 いや、これがかぞえられるんです。
片方の手の人差し指から小指までの4本を、第1、第2関節を境にそれぞれ3つに分けます。すると「4×3」で12分割できますよね。それをもう片方の手で指差ししながらかぞえ、12を超えたら指差ししているほうの指を1本折る。この**「指差し＋指折り方式」**を使えば、10進法の「指折り方式」のように何周したかを記憶せずとも60までかぞえられるんです。

 なにこの優れたシステム！

 めちゃくちゃ合理的ですよね。あと**12は2でも3でも4でも6でも割り切れる便利な数字**なので、実は数学者からすれば12のほうがはるかにキリがいい。

42

日本は昔から10進法ですか？

 日本は、計算は10進法、時刻などは12進法と使い分けてきました。たとえば**干支って12進法**じゃないですか。

 あ、そうか。日本の大工さんが使う尺とか寸とかは？

 1尺は10寸、1寸は10分なので10進法ですけど、1間は6尺なのでそこは6進法。

 混在することもあるんですね。

 その典型が日時ですよね。**日は365進法で、時間は24進法で、分と秒は60進法。**だから子どもにとって日時の理解は難しいんです。このあたりはまた後で説明します。

 なるほど。

 もし子どもが「なんで10がひとカタマリなの？」と聞いてきたら、「たまたま君が習っている算数がそういうルールに従っているからだよ。10以外をひとカタマリとするかぞえ方もいろいろあるよ」と説明するしかないですよね。

 たしかにコンピュータは2進法や16進法ですもんね。デジタル教育という名のゲーマー教育のおかげで、娘もゲームで「32」「64」「128」「256」という数字をよく見かけることに気づいたみたいです。

 いいじゃないですか。2の倍数は覚えておくとなにかと便利ですよ。

> **コンピュータは2進法**
>
> コンピュータが扱うデータの最小単位は1ビットで、1ビットは「0か1（オフかオン）」の2進法。1バイトは8ビットなので、2^8（＝2×2×2×2×2×2×2×2）＝256。1KB（キロバイト）は1バイトの1024（＝2^{10}）倍。MB（メガバイト）、GB（ギガバイト）、TB（テラバイト）も同様に1024倍ずつ増えていく。2の倍数はコンピュータの世界で多用されるため「イチロク（16）、ザンニ（32）、ロクヨン（64）、イチニッパ（128）、ニゴロ（256）、ゴイチニ（512）、イチマルニーヨン（1024）」などの語呂合わせがよく使われる。

⇨ 1、2、3、一、二、三、Ⅰ、Ⅱ、Ⅲ……、数の書き方の種類

数の書き方だってもともと各文化でバラバラですからね。日本は中国の影響で「壱、弐、参……」か「一、二、三……」で数字を表し、「百、千、万……」といった位を示す漢字と組み合わせて書くことで数を表現してきました。江戸時代に入って日本独自に発達した和算でも同様に漢数字を使っていました。

そういわれてみると「1、2、3……」って謎の文字ですね。いつ日本に導入されたんですか？

つい150年くらい前の話ですよ。

オーマイガッ！ もっと古くからあると思ったらそんなに新しいんですか！

長い鎖国が終わって明治政府は日本を急いで近代化するためにヨーロッパから科学技術を学ぶ必要がありました。
そこで思い切って、学校で教える算術を西洋数学に全面的に切り替えたんです。和算で現代に残っているのはそろばんくらいです。

先生たちも大変だったでしょうね(笑)。

みんな和算しか知らないわけですからね。
で、そのときに一緒に入ってきたのが**算用数字**といわれる「1、2、3……」だったんです。アラビア人が広めたので**アラビア数字**ともいわれます。

算用数字の最大の特徴は、ケタを表す記号がないことです。**数字を見たときに、一番右端が一の位で、左に1こズレるたびに10倍になって位が1つ上がっていくというルール**で成り立っています。

でも、この書き方だと、使わない位に「空っぽですよ」と書かないと数字全体が読めませんよね。だから**「空っぽ」を意味する「0」という特殊な記号**も、一緒に日本に入ってきたんです。

へーーー。というか、0が入ってくる前の日本はどうしていたんですか？　いろいろ不便そうですけど。

たとえば3200は「三千二百」と書けばいいだけなので、困ることはなかったようです。むしろケタの多い数字を読むときは漢数字のほうが便利。前からそのまま読むだけですからね。

だから「94038」みたいな算用数字を読めといわれて子どもが迷うのもしかたがないんです。書きやすさの代償として、「位は自分で解読しなさい」という表記方法ですからね。こればかりは何度も訓練しないと。

書きやすさか。逆に漢数字って計算するときは面倒くさそうですね。

そもそも**書かない**んです。

もしかして暗算？　昔の人は天才？

いや、和算では算木（さんぎ）やそろばんを使っていたので、**計算を紙に書く習慣がなかった**んです。計算が終わったときにはじめてその結果を書いたり、読み上げたりすると。

ヨーロッパも似たようなもので、ヨーロッパの数学者の多くは

46

「0」という記号を神を否定するものだとして、算用数字の導入に否定的だったんですね。

最終的にはあまりに便利で導入するんですけど、ヨーロッパでは長らくローマ数字の「I、II、III……」を主に使っていました。ただローマ数字って書き方のルールが非常に複雑で、書いたり読んだりするだけで計算が必要になるくらいのもの。だからこちらも計算ではそろばん(アバカス)を使わざるを得なかったそうです。

ということは「1、2、3……」や「0」を導入したことで計算がしやすくなったと。

紙での計算ができるようになったんです。紙に書けるから、**ケタの多い数字や複雑な計算が圧倒的にしやすくなった。**その結果、数学がいっきに発展していくことになるんです。

算数で学ぶ四則演算では、紙にカチャカチャ書きながら計算する、いわゆる筆算の方法を学んでいきますが、実は筆算自体、人類にとって意外と新しい発明なんです。

全然知らなかった。

学校では四則演算を筆算で解く方法を習いますけど、**答えが正確に導き出せるなら実は筆算のしかたなんてどうでもいいんです。**国によってやりかたは見事にバラバラですからね。日本人からすると「よくこれで解けるな」と思うこともありますけど、たぶん向こうも同じことを思っています(笑)。

➡ 一人ぼっちの「奇数」とそれ以外の「偶数」

 せっかく数の話をしているので、教科書では5年生になるまで教わらない偶数と奇数の説明もサクッとしてしまいましょう。位というものがなにかわかったら、低学年でも覚えられます。

一の位が 1、3、5、7、9 の数は奇数
一の位が 2、4、6、8、0 の数は偶数

以上。

 はやっ（笑）。「2で割り切れるか」みたいな説明は？

 2で割り切れたら偶数で、割り切れないのが奇数という性質をあとあと理解することは大切です。でも、偶数と奇数の定義は私の説明でも十分ですよね。だってその数字が偶数か奇数か判別できればいいわけですから。

むしろ多くの子どもは「数を偶数と奇数で分けてなにが起きるんだ？」と迷うと思うんですけど、いずれ使うときがくるのであまり難しく考えなくていいです。偶数と奇数は数学の世界に数多く存在する「数の分け方のひとつ」にすぎません。

 たとえば人間界でも「大人と子ども」「男と女」みたいに、いろんな分け方がありますよね。

ですよね。偶数、奇数は数学でよく使いますし、日常生活でも使います。「みんなでサッカーしたいけど、メンバーが奇数だから半々に分けられないね」とか、「競馬ではゼッケンが偶数の馬が後からゲートに入るから有利」とかね。

先生、小学生が読んでいる可能性もあります……（小声）。

失礼（笑）。

あと迷うとすれば、どっちのグループが偶数でどっちが奇数かで混乱するくらい？

漢字が得意な子は文字のイメージで覚えてもいいと思います。奇数の「奇」って、奇妙とか奇抜みたいに、「めずらしい」という意味があるじゃないですか。奇数の語源の odd がまさにそうですよね。だから、**奇数は「一人ぼっち」をイメージして、「1」のグループ。それを覚えたらもう片方のグループが偶数**だとわかります。

「偶」は「配偶者」の「偶」ですけど、ペアとか、向き合うみたいな意味があります。だから「偶」という文字から「夫婦」を連想して「2」のグループという覚え方もあります。英語だと even（均等、平ら）だから、雰囲気で覚えられるでしょうね。

なるほど！　参考になりました。

⇨ ケタの多い数字を読むコツ

この勢いで大きいケタの読み方もやっちゃいましょう。
各ケタの呼び方は、とりあえずこの一覧を見てください。

1：一
10：十
100：百
1,000：千
10,000：一万（いちまん）
100,000：十万
1,000,000：百万
10,000,000：千万
100,000,000：一億（いちおく）
1,000,000,000：十億
10,000,000,000：百億
100,000,000,000：千億
1,000,000,000,000：一兆（いっちょう）
10,000,000,000,000：十兆
100,000,000,000,000：百兆
1,000,000,000,000,000：千兆
10,000,000,000,000,000：一京（いっけい）

まず、ある規則性に気づいてほしいんですね。「万」とか「億」とか「兆」とか、小さい子どもにとっては見慣れないケタがありますけど、その間にあるケタって、「十」「百」「千」を頭につけているだけなんですね。「一」もスペシャルなケタだと考えると、**4ケタ増えるごとにスペシャルなケタの呼び名が変わる**んです。

これが日本語での数のかぞえ方の大きな特徴。しかもふだんの生活で実際に使うのは「兆」くらいまでだから、暗記しないといけないケタの名前って、あまり多くないんです。

日本政府の年間予算は112兆円くらい。1年間で日本全体で生み出す価値（GDP）は600兆円くらい。日本の抱える借金（普通国債債務）は1000兆円くらいです。

「京」のあともスペシャルなケタが続きます。書き方を簡略にして1の後ろの0の数を書きますね。

20：垓（がい）　　24：秭（し）　　28：穣（じょう）
32：溝（こう）　　36：澗（かん）　40：正（せい）
44：載（さい）　　48：極（ごく）　52：恒河沙（ごうがしゃ）
56：阿僧祇（あそうぎ）　　60：那由他（なゆた）
64：不可思議（ふかしぎ）　68：無量大数（むりょうたいすう）

「那由多」はかっこいいから覚えていましたけど、「澗」なんてはじめてみました。

私も仕事で使うことはまずないです。
けど、たとえばインターネット上の住所であるIPアドレスって、約340澗分あるみたいですよ。（※2024年9月現在、世界的に移行中の新規格IPv6のこと。従来のIPv4は約43億）

住所を書くだけで大変だ（笑）。

そもそも数学や物理、天文学の世界になると、大きな数字の0をいちいち書くのは大変だし、間違えのもとなので、「×10の

何乗」みたいな書き方をします。これは中学で習いますけどね。1万なら10^4、1億なら10^8、1兆なら10^{12}。ちなみに340澗は3.4×10^{38}（笑）。10^{38}とは、1のあとに0が38こつくよということです。

なるほど。ただ私、大きい数字をすんなり読めないんですよね。**「いち、じゅー、ひゃく、せん、まん」と一の位からケタを数えているので、読むのが遅くて。**

それが普通です。ケタの大きな数字を日本人が読みづらいのはちゃんとした理由があります。

そもそもコンマって、ケタの読み間違えを防ぐために等間隔でつける、ただの目印なんですね。コンマ自体に数学的な意味はありません（ドイツでは位取りのコンマと小数点のピリオドが逆に使われる。たとえば1000ユーロは「1.000,00」と書く）。

で、日本語読みだと数字を4ケタごとに区切るとめちゃくちゃ読みやすいんです。4ケタごとならコンマの左どなりがそれぞれ万、億、兆と、スペシャルなケタになるからです。

```
1,0000        1万
1,0000,0000       1億
1,0000,0000,0000      1兆
29,4082,0520,0012     29兆4082億520万12
```

たしかに読みやすい。

でも、**ビジネスや会計で世界標準として使われているコンマの区切りは3ケタごと**。いまはグローバル社会ですから日本もこの3ケタルールに従っています。日本語読みとの間にズレがあるから日本人にとってケタの大きい数字が読みづらいんです。

なんで3ケタごとなんですか？

3ケタごとだとコンマの左どなりが欧米式のスペシャルなケタである thousand（千）、million（百万）、billion（十億）になるんですよ。**数字を読み上げるときは日本式で読むのに、数字に打たれているコンマの位置が欧米式。**だから混乱するんです。

大きな数字を読むコツは基準となる数字をいくつか覚えてしまうことですね。

⇨ 大人が使いこなせていない「およそのかぞえ方」

数に関して、もうひとつ話をさせてください。
いまからする話って四則演算の方法などと比べると「どうでもいいや」と感じる子もいるかもしれないですけど、算数や数学を学んでいく上でも、そして日常生活を送る上でも、とても役に立つ話をします。
それは**ある数を「約これくらい」「およそこれくらい」という扱いやすい数字に変換するテクニック**の話です。

たとえば2023年10月1日時点の日本の人口は1億2435万1877人だったそうです。では、もし郷さんが外国人から「日本の人

口は？」と聞かれたときに、インターネットで調べて一の位の数字まで正確に答えますか？

いや。「1億2千万人」と覚えているので、そう答えます。

私もそうです。相手も正確な数値を求めているわけではなく、「だいたいどれくらいなの？」が知りたいわけで、その意図をくんで「1億2千万人」と答えるわけです。

このように、**ケタが多くて、いろんな数字がごちゃごちゃ並んでいる数を扱うときに、およその数に変換する**という作業を私たちはよく行います。およその数のことは「概数（がいすう）」といいます。概数であることを強調したいときは、「約」とか「およそ」といった言葉を概数の前につけます。

たしかに。「相手が勘違いしそうだな」というときは約とかつけますね。

でしょう。
ある数を概数に変換するときの基本は「切り捨て」か「切り上げ」の2つです。

「切り捨て」とは、ある位より下の位の数字を無視して0だと考える方法です。たとえば4312や52800を百の位で切り捨てるなら、それぞれ4000と52000になります。

「切り上げ」とは、ある位以下の位の数字を無視して0だと考えますが、同時にくり上がりをする方法。4312や52800を百の位で切り上げるなら、それぞれ5000と53000になります。

はい。

ただ、たとえば4800を4000に切り捨てたり、4200を5000に切り上げたりするのって、少し気持ち悪いですよね。だって4800は5000に近いし、4200は4000に近いわけですから。そこで世界でもっともよく使われる「切り捨て」と「切り上げ」のルールが「四捨五入」というものです。

> **ここが ポイント！〈四捨五入〉**
>
> ある位より下の位をすべて0にしたいときに、
> ある位の右どなりの位の数字をみて
> 0、1、2、3、4　なら切り捨て
> 5、6、7、8、9　なら切り上げ
> をします。

どんなときに四捨五入をするかとか、どこの位で概数をつくるかとか、決まりってあるんですか？

「およその数」さえわかればいいので、そこは概数を使う文脈次第だし、本人次第です。
たとえばコンビニの消費税込みの価格って、レジ内部のコンピュータが計算するときは1円より小さい位の数字も計算結果として出るんです。でも1円より小さな貨幣はないので、ある意味、概数に変換しているんですね。そのときの端数って、バッサリ切り捨ててもいいし、無条件に切り上げてもいいし、丁寧に四捨五入してもいいんです。
（※1円の$\frac{1}{100}$を1銭という。日本では1953年まで実際の貨幣単位として使われていた）

お店が勝手に決めていいんですか！

 そうなんです。不思議ですよね。もちろん、取引をしている会社同士で「こういうルールでやりましょうね」と取り決めをするケースもありますけど、そうじゃなければ文脈次第だし、本人次第です。

日本の人口にしても、中国の約14億人と比較したいなら「約1億人」でもいいでしょう。あるいは性格的に細かい人なら「1億2400万人」というかもしれない。人口の集計をしている総務省統計局の職員は、ふだん、万の位で四捨五入して発表しているので、「1億2435万人」と答えるかもしれない。

で、私がこの本ですごく強調したいのは、細かい計算が苦手な人ほど、**いきなり計算せずに、まずは各数字のおよその数を考えて、ざっくり「答えはこれくらいかな」と考えてほしい**んです。これが習慣になると、**計算ミスをかなり減らせますし、直感力も育ちます**。

⇨「式」とは算数の世界で使う言語

 算数を教えるにあたって、数以外に子どもに慣れてほしいのは「式」なんです。「数式」ともいいます。足し算を習いはじめると、「○＋△＝□」のような日常生活ではみかけない変わった表現方法がでてくるわけですね。これが算数で使う**「式」**です。数字があって、「足す」を意味するプラスマークがあって、イコールマークもあると。そしてどうやらイコールマークの左側と右側は「同じ」という意味らしいと。

そういわれてみると……式っていったいなんですか？

 その説明を学校で明確にはしないんですよね。一番大切なことなのに。大人に説明するなら**「ある関係性を、数学的記号を使って記述したもの」**。小学生に説明するなら**「ものの関係を、算数の世界の言葉で表した文章」**かな。

 関係性？

 同じ関係なら**「＝（等しい）」**だし、片方が大きいなら**「＞（大なり）」**や**「＜（小なり）」**でその関係を表す、ということ。

 なるほど。で、式は文章なんですか？

 数学って言語なんです。
「式っていったいなに？」と迷う子がいたら「算数の世界で使う言葉を使った文章だよ」と教えてあげるといいと思います。英語だと式のことを number sentence っていったりしますからね。

「アメリカ人と会話したいなら英語を覚えるよね。それと同じで、**算数の世界を旅するためにはその世界の言語を覚えないといけないんだ**」と。

言語なので単語（記号）や文法（決まり事）はあります。でも英語と比べたらはるかにかんたん。教科書に出てくる記号もすべて単語だと思えばいいんです。

> **ここが ポイント！〈日本語と算数の言葉〉**
>
> | 日本語 | 算数の言葉 |
> | --- | --- |
> | 足す、増やす、〜と〜 | ＋ |
> | 引く、減らす | － |
> | 掛ける、〜組ある、〜倍する | ×（あるいは「・」） |
> | 割る、分ける | ÷（あるいは「／」） |
> | 同じ、等しい、〜は | ＝ |
> | まとまり、グループ | （　） |
> | わからない数 | 書き方自由（a、b、c、x、y、z、○、□、△、?など） |

そういわれると、使う記号も単語も英語より算数のほうが圧倒的に少ない……。

そうでしょ。細かい数学の文法は少しずつ覚えていけばいいんです。

たとえば「パパからもらった100円とママからもらった200円を足したらいくらになるかな？」という疑問を算数の言葉に翻訳すると「100 ＋ 200 ＝ □」になる。

ちなみに**計算に必要のない単位を書かないのも式の特徴です**が、この本では話が複雑な場面では補助的に単位をかっこに入れて説明します。式の意味を理解しやすいですからね。

ご配慮ありがとうございます（涙）。

「じゃあどんなときに式を使うの？」というと、現実世界の問題を算数で解きたいときですよね。つまり、数を計算しないとい

けないとき。「1＋1＝□」みたいなかんたんな問題ならわざわざ式にしなくても暗算できますが、難しい問題になってくるとそうはいきません。**算数の世界では複雑な計算をするためのテクニックが過去の数学者たちの努力のおかげでいろいろ発明されています。**

式の書き方を覚えることで、それをタダで利用できる。**これって本当にラッキーなことなんです。**

そういわれるとありがたい気がしてきました。

でもそれを利用するためには、日本語と算数の言葉を相互に翻訳する力を身につけないといけなくて、その訓練を1年生からはじめるんです。イラストを見て「しきをつくりましょう」みたいなね。

そういう意図があったんですね！

日本語や英語のように、ある文化で自然に生まれた言語は「自然言語」といいます。

一方、算数や数学で使われる式は、ある目的のために人工的につくられた**「人工言語」**。ちなみにプログラミングで使うパイソンとかJavaScriptといった言語も人工言語です。

では式という人工言語がつくられた目的はなにか。
それは**ものの関係性を究極まで無駄を省いてあいまいさをなくし、正確に記述すること**。そこを目指して数学はどんどん発展してきたし、いまも発展中です。

だから算数ドリルをながめていると無機質に見えるんですね。

感情が入りこむ隙がない言語だからです。
でも、**無駄がなくて解釈の違いが起きないからこそ数学は世界共通言語になれた**し、日本も明治時代に導入することができたんです。筆算のしかたなど具体的なテクニックは国によってバラつきがありますけど、式自体は世界共通です。

さらにいえば、式は解釈の違いが起きないがゆえに、人間だけではなくコンピュータも理解できる言語です。

電卓とかエクセルとかChatGPTとか。

そう。しかもコンピュータは人間と違って計算を間違わないし、一瞬で計算をやってくれます。

小中高を通して算数や数学で学ぶことの中心はひたすら計算のテクニックで、それはそれで大切なんですけど、**実は「現実世界の課題を式に翻訳できるかどうか」が算数や数学教育で本質的に重要なこと**だと思っています。

なるほど〜。「算数とはなんぞや」がめちゃくちゃわかってきました。

⇨ ＝（イコール）の右と左の関係

式の文法で最初に覚えたいのが等号の使い方です。「＝（イコール）」ですね。「＝」とは、その名の通り、「**等しいことを意味する記号**」です。そして、**等号が使われている式のことを「等式」といい、等号の左側は「左辺」と呼び、右側は「右辺」と呼びます。**こういうのが等式ですね。

- 1 + 1 = 2
- ○ + △ = □ + ×
- A = B ← 　　　　と読みます。

「A イコール B」、あるいは「A は B に等しい」

それで、先ほど式とは「ものの関係を、算数の世界の言葉で表した文章」といいましたよね。「ものの関係ってなんだろう？」と思った子どももいるはずですが、**「A = B」はまさに「A と B の関係」を表した式なんです。A と B は「同じ」関係にある、ということ**ですね。

あ、漠然と納得していましたけど、そういうことでしたか。

だから「＝」がないものを式と呼んでいいのかという議論が数学の世界ではよくあるんですけど、「関係性を表していない」という意味では式とは呼べません。

関係性を表せていないとどんな不都合が？

不都合以前に、なにも起きないんです。
たとえば「1 + 1」だけでは「1 と 1 を足す」といっているだけです。でもそこに**「＝」をつけた瞬間、「1 と 1 を足したらいくつ？」に意味が変わって、「じゃあ計算しないとな」**と明確に解釈できるわけじゃないですか。

あ、「1 + 1」は書きかけの原稿みたいなものか。

そう。式を立てている途中かもしれないですよね。算数の世界の言葉で書いてあることはたしかですけど、式ではないということ。

よくわかりました。

それと、**等式は左辺と右辺が同じ関係であることを表したものですから、左辺と右辺は自由に入れ替えて OK** です。
これは大事な決まり事なので、ぜひ覚えましょう。

> $100 + 200 = 300$
> $300 = 100 + 200$
> どちらでも OK

わかりました。ところで学校ででる問題ってどこかが空白のものが多いですよね。「100 + 200 = 300」みたいな完成された式って、逆に混乱しないかなと。

現実の課題を算数の言葉に置き換える（式を立てる）ときは基本的に「わからない値」「知りたい値」があるときですから、テストの問題で完成された式はでないと思います。「1 + 1 = □」とか「1 + □ = 5」みたいな形で、「□を埋めましょう」といわれるわけですね。

ただ、「100 + 200 = 300」という等式が無意味かといったら、それは違いますよね。実際にこの計算をした人にとっては大事な計算結果だし、「100 + 200」の足し算ができない人にとっては「あ、300 になるんだ」と思うかもしれません。

等号の生みの親

等式に「＝」をはじめて使ったのは 16 世紀のウェールズ人数学者ロバート・レコード。「〜は等しい」と文字で書くことが面倒くさくなり、「2 本の平行線ほど等しいものはない」という理由からこの記号をつくったといわれる。当時はあまり普及しなかったが、数学界に多大な影響を与えたニュートンやライプニッツが「＝」を使ったことで数学界の主流となっていったといわれている。

➡ 他にもある、関係を示す記号

関係を示す記号はほかにもたくさんあります。そのうち小学校では「＝」以外に「＞」と「＜」を習います。これを「**不等号**」と呼びます。

大きいとか小さいとか。

そう。**「A ＞ B」は「A は B より大きい」**の意味で、「A だいなり B」というなんとも堅苦しい呼び方をします（笑）。**「A ＜ B」は「A は B より小さい」**の意味で、「A しょうなり B」と呼びます。**「ワニの口が広がっているほうが大きい」**と覚えましょう。

ワニとイコールが合体しているのもありますよね。

「≧」と「≦」ですね。顔文字みたいですが（笑）。
こちらは「等号付き不等号」という**「どっちやねん」**と突っ込みたくなる名前がついています。

等号付き不等号は小学校では教えないですけど、数学的にはこちらのほうがよく使います。「A だいなりイコール B」「A しょうなりイコール B」と読みます。意味はそこまで難しくなく、**日本語の「以上」と「以下」、あるいは「最低でも」と「最高でも」の意味**です。

「A ≧ 100」や「A ≦ 100」は、それぞれ「A は 100 以上」「A は 100 以下」という意味で、100 は A に含まれます。一方で「A > 100」や「A < 100」は「A は 100 より大きい」「A は 100 より小さい」という意味なので、100 は含みません。

セットで教えればいいのに。

私もそのほうがいいと思います。

というか、てっきり不等号ってイコールに斜線が入ったこれ「≠」のことかと思っていました。だって「イコールじゃない」という意味ですよね。

紛らわしいですよね。でも「≠」は「等号否定」という別の名前があるんです。

2日目

【代数】
意外に知らないことだらけの
「＋ − × ÷」

Nishinari LABO

LESSON 1 四則演算の基本！「足し算」をマスター

2日目 1時間目

足し算こそすべての計算の基本。足し算でミスが多いままだと算数は前に進めません。また、この章では「筆算とはなにか」もしっかり説明します。

⇨ 引き算、掛け算、割り算もすべて足し算

 今日は四則演算をいっきにやってしまおうと思います。ただし、扱うのは整数のみ。小数や分数の四則演算は次回やります。

1年生が最初に習うのは足し算です。**足したらいくつになるか、増えたら何こになるか、集めたら何人になるか、こういう計算をしたいときに足し算を使います。**

足し算って計算のもっとも基本となるものです。

なぜなら引き算は「マイナスの数（0より小さい数。中学で習う）との足し算」に変換できますし、掛け算にいたっては「同じ数をくり返し足すときに、効率よく計算する方法」にすぎないので、足し算そのものです。割り算も、多少強引ではありますが、「元の数から割る数を何回引けるか数えること」といえますから、無理やり足し算に置き換えることもできます。

```
引き算　：10 - 4　→　10 + (-4)
掛け算　：2 × 4　→　2 + 2 + 2 + 2
割り算　：9 ÷ 3　→　9 + (-3) + (-3) + (-3)
                            9から3を3回引ける
```

コンピュータって実は足し算しかしていないとを聞いたことがあります。

でしょう。だから足し算を確実にマスターしておくことはとても大切です。

あと、**足し算の結果のことは「和（わ）」**といいます。ふだん使う言葉は「合計」でも「トータル」でもいいんですけど、教科書やテストの問題では「和」という言葉が普通に使われるので、早めに覚えておいて損はしません。

⇨「＋」という記号が表していること

足すことを表す算数の世界の言葉は「＋」です。足し算のことは「加算」ともいうので、加算記号と呼ばれています。
数字と数字の間に「＋」があったら、「両どなりの数字を足すんだな」と思ってください。

十字架のような形をしていますが、漢字の「十（じゅう）」とはまったく別。「とめ・はね・はらい」はいりません（笑）。電気の世界で使うプラスや、数字の前につける正を意味するプラスと同じ記号を使います。

あと細かい話ですけど、先ほどいったように「+」は「=」のような関係性を示す記号ではなく、「どんな計算をすればいいのか」を示す記号です。こういう記号を演算子といいます。

命令とおっしゃっていましたよね。

そう。「足せ！」という命令です。
演算子の中にはひとつの数字に対する命令（−10 の「−」、$\sqrt{4}$ の「$\sqrt{}$」など）もあるんですけど、足し算で使う「+」は2つの数字に対する命令です。「+」の両どなりの数字を足せ、という意味。だから足し算も引き算も掛け算も割り算も、必ず数字と数字の間にその記号が入るんです。

じゃあ、「なんで『+』はここに書かないといけないの？」と子どもに聞かれたら、「ここに書くからこそ『足せ！』という意味になるんだよ。違うところに書いたら意味が変わってしまうんだ」と教えればいいわけですね。

そういうことです。

足し算の起源は and

「+」の起源には諸説あるが、かつてヨーロッパの数学者たちが使っていた「and」を意味するラテン語の「et」が起源ではないかという説もある。加算は演算の基本のため、そもそも記号を書かない習慣も一時期あった。なお、現代数学では掛け算のときに記号を省略する。

少し難しい説明から入りましたけど、最初は式などを意識せずに、**指を使ったり、イラストを見てかぞえるだけの簡単な足し**

算からはじめて、数と数を合体させ、増えていく感覚に慣れましょう。

その際のポイントは、やはり視覚的にイメージしやすい、現実に即した問題をだしてあげることでしょう。
「りんご」とか「ニワトリ」とか、できるだけイラスト入りの問題を使って「数と数が合体すると別の数になる」という感覚になれてもらいます。

娘の様子を見ていたら、イラスト入りだと結局、かぞえてしまうので勉強になっているのかよくわからなくて……。

なにをおっしゃいますか。かぞえるのも足し算じゃないですか。足す1をしていっているわけですから。

あ、そうか。

まずはそこからはじめればいいんです。

徹底的に1ケタの足し算を学べ！

1年生では、足して10までの「1ケタ＋1ケタ」の足し算をやりますが、ここは暗算でスラスラ計算できるようになりたいところです。ここでミスが多いままだと、あとで大変な思いをします。

というのも「1ケタ＋1ケタ」の足し算は、このあと説明する

くり上がりで当たり前のように使うんです。筆算も、この「1ケタ＋1ケタ」が暗算できることを前提につくられた仕組みです。

え？　そうなんですか？

大人になるとあまり意識しないと思いますけど、実はそうなんです。「1ケタ＋1ケタ」が暗算できないと筆算ができません。**特に重要なのが足して10になる数字の組み合わせ。**

> **ここが ポイント！** 〈足して10になる数字の組み合わせ〉
> 1と9　　2と8　　3と7　　4と6　　5と5

なぜですか？

郷さんが「26 ＋ 7」を暗算するとき、頭の中でどう考えていますか？

えっと、26を30にするには4必要。7から4を借りたら3残る。だから33。

いったん30にしているということは、10をつくっていますよね。「6 ＋ 4 ＝ 10」が体にしみついているんです。

本当だ（笑）。

用語は別に覚えなくてもいいですけど、足したらピッタリ、ケタが上がる数字を補数といいます。1の補数は9だし、2の補数は8です。

あ、そういう概念があるんですね。

あとは「1ケタ＋1ケタ」の足し算をたくさんこなすことで、**1ケタの数字を見たら、これは○と△を足した数だな、とイメージできるようにしておきましょう。**たとえば「6」を見たら、「1＋5」「2＋4」「3＋3」をイメージできるようにする。この練習は引き算でも活きてきます。

> **ここが ポイント！**〈計算力強化！　1ケタの数字の組み合わせ〉
>
> **2：**1と1
> **3：**1と2
> **4：**1と3、2と2
> **5：**1と4、2と3
> **6：**1と5、2と4、3と3
> **7：**1と6、2と5、3と4
> **8：**1と7、2と6、3と5、4と4
> **9：**1と8、2と7、3と6、4と5

くり上がりを頭の中でどう計算するのか

足して10を超える足し算になると、子どもは指が足りなくなって焦ります（笑）。たとえばこんな問題です。

9 + 8 = □

 足して 10 になる足し算をさんざんやった子どもなら、「9 と 8」という組み合わせを見るだけで「あ、10 を超えそう」とわかると思います。実はこれが足し算をするときに最初にやりたいことで、**足して 10 を超えるかどうかをまずチェックしてほしい**んです。

このように足し算をした結果、次のケタが増えることを**「くり上がり」**といいます。くり上がりが起きる足し算の基本戦略は、**足す数のどちらかを使って「10 のカタマリ」をつくる**ことです。

このあたりは混乱する子が多いので、家にある 1 円玉を集めて、それを一緒にかぞえる作業をやってみるといいかもしれません。

小銭をかぞえるときって 10 枚ずつ積み上げて柱をつくりますよね。柱をつくれば、あとで柱の数をパッとかぞえるだけで 10 円（1 円玉 10 枚）がいくつあるかわかるからです。その柱の数に、柱に入ることができなかった端数を足せば、1 円玉が何円分あるかわかります。

「9 + 8」も考え方は同じです。小銭をかぞえるときとの違いは、小銭は 1 枚ずつバラバラですが、「9 + 8」ではそれぞれあらかじめ積み上がって柱になっているだけ。それだけの違いであって、合計を計算するという目的は変わりません。

だからやることは一緒で、「あ、これは10のカタマリをつくれるな（くり上がりが起きるな）」と思ったら、9の柱でも8の柱でもいいので、それをベースに10のカタマリをつくってしまいましょう。

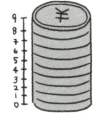

では、9のカタマリを10のカタマリにするにはいくつ足りないでしょう。 ここで「足して10になる足し算」を一生懸命解いていれば、9のカタマリを10のカタマリにするには1足りないことがすぐにわかると思います。この足りない1はもう片方の8のカタマリから移動させます。

最終的には9と8のグループの合計が知りたいわけですから、計算の途中でグループ間の移動があってもなにも問題ありません。**10のカタマリをつくれば計算がラクになる。** そのために一時期的に移動させるんです。

ここで10のカタマリを1つつくれたので、十の位は1で確定です。すると残るのは8から1を引いた値になるので7。答えは17だとわかります。

ちなみにこの段階で引き算を知らなくても、「1＋□＝8（1にいくつ足したら8になる？）」の形で暗算してみれば解けるでしょう。

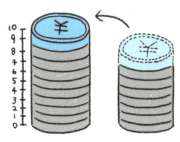

 すげー、わかりやすかったです！

⇨ 計算力強化の「同じ数＋同じ数」

他にも、鍛えておくといい足し算ありますか？

活用できている人が少ないんですけど、**「同じ数字を足したときの和」**がオススメですね。これを早い段階で覚えておくと、計算がグッと速くなりますよ。

> **ここが ポイント!**〈計算力強化！　同じ数の足し算〉
>
> 1＋1＝2　　　2＋2＝4　　　3＋3＝6
> 4＋4＝8　　　5＋5＝10　　　6＋6＝12
> 7＋7＝14　　　8＋8＝16　　　9＋9＝18
> 10＋10＝20

なるほど。ついでに2の倍数も覚えられる。

そう。では、郷さん、これから問題をだしますので、すぐに答えてくださいね。
……「7＋7」は？

えっ、14！

正解。では、「7＋8」は？

15！　……あっ！

そう！ いま頭の中で「『7 + 7 = 14』だから、『7 + 8』はそれよりも1大きいはず」って思ったんじゃないですか？

 思いました。

 ですよね。そんなふうにして**同じ数の足し算を覚えておくと、素早く暗算できるようになります。**

 いろんな計算の戦略があるんですね。

 そうなんです。その「計算のしかたにはいろいろある」って、とても大事なポイントです！ **自分に合う方法を見つけられたら、暗算がスパってできるようになりますよ。**

 他にも計算の裏技教えてください！

⇨ 賢い人の足し算の順番

 あとは、足し算の性質「**交換法則**」を利用した計算法でしょうかね。

 交換法則ってなんでしたっけ？

 「足し算しかでてこないときに限り、足す順番を変えても答えは同じになる」という性質のことです。たとえばこんな問題があったとしましょうか。

$$1+2+3+4+5+6+7+8+9=□$$

一見、めんどくさそうですけど「足す順番を自由に入れ替えてOK」と伝えるとひらめく子もいるかも。

 入れ替えて OK。……あ、もしかして「10 になる組み合わせ」をここでも使う!?

 そうです！　こんな感じで順番を入れ替えて暗算する子もいるでしょう。

$$\underline{1+9}+\underline{2+8}+\underline{3+7}+\underline{4+6}+5=□$$
$$10+10+10+10+5=45$$

 おお！　ガウス少年の話を思い出しました。

ガウス少年

19 世紀を代表するドイツの数学者ガウスは、小学生のころに授業で「1 から 100 までの数字をすべて足しなさい」という課題を出された。ガウスは足して 101 になる組み合わせ（1 と 100、2 と 99、3 と 98 など）が 50 こあることに気づき、101 × 50 = 5050 と即答し、先生を驚かせた逸話が残っている。

ただしこのルールが適用されるのは、あくまでも足し算が連続しているときです。後ほどやる「ミックス計算」では好き勝手に入れ換えはできません。それは追って説明します。

⇨ かっこいい、「かっこ」の使い方！

ここで数式の決まり事をひとつお伝えしておきます。
グループであることを示したいときに、かっこ（　）をよく使います。

ふんふん。

たとえばこういう文章題を、かっこを使った式に翻訳するとします。

問題

ケーキ屋さんでシフォンケーキを3つ選びました。さらに母がシフォンケーキ1つと、ショートケーキ2つ加えました。合計でケーキをいくつ買うでしょうか？

ずい分とケーキ買いますね（笑）。
でも、かっこを使う必要ってありますか？

必ず使わなければいけない問題ではないですね。
ですが、「あ、これはグループだな」と考えて**かっこでくくることを習慣にするとミスが減る**ようになりますよ。
では、かっこを使って式を2パターン立ててみます。

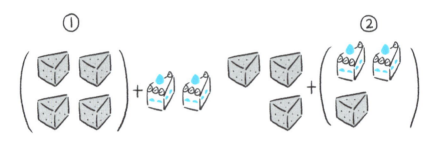

 そうか、そんな式の立て方もありますね。

 なんでかっこでくくったのかわかったら、式の意図が見えてきますよね。ちなみに、かっこの中にかっこが何こ入ってもかまいません。
そのときは**一番内側にあるかっこから順番に計算**してください。

 どんな記号を使ってもいいんですか？

 一番内側のかっこを（ ）で書き、次は｛ ｝、その次を［ ］で書くという数学界のマナーはありますが、別にすべて（ ）でも数学的には間違いではありません。

 見やすさの問題。

そう。絶対に間違えますから（笑）。
どっちが見やすいですか？

Ⓐ　((5+ (3+4)) + (1+2)) +6 =□

Ⓑ　[{5+ (3+4)} + (1+2)] +6 =□

 圧倒的にⒷ！

 ですよね。あとは、大事な決まり事は、かっこの中は必ず最優先で計算すること。これは**国際ルール**です。トイレに張り紙をするくらいの勢いで覚えましょう。

⇨ 筆算とは計算を紙で行うテクニック

くり上がりを理解できたら、いよいよ筆算です。**筆算とは式に書かれている四則演算を、紙や黒板を使って自力で行う計算方法**のことです。計算方法は他にも、頭の中で行う「暗算」、そろばんで行う「珠算」、コンピュータや電卓などを使う「電子計算」などがあります。

式を見たときに「暗算では無理！　そろばんも電卓もない！」というときに使うのが筆算です。

計算方法ということは……式ではない？

計算の途中経過みたいなものです。学校の授業ではその線引きがあいまいになりやすいんですけど、**算数の世界の公式な文章はあくまでも式です。筆算は個人で使うメモのようなもの**で、そもそも人に見せるものではありません。

でも、教科書ではいきなり筆算の形で出題していません？

よくぞ気づきました。それが混乱を生む原因なんです。
本来は式の一部、ないしすべてを筆算や暗算や珠算や電子計算などで計算し、その計算結果を式に戻すというサイクルが数学の基本なんです。

筆算ってようはテクニックなんですね。できるだけ速く、正確に計算をするために考え抜かれた方法。でもテクニックですから、バットの振り方にいろんな流儀があるのと同じで、いろんな種類があっていいわけで、だから国によって筆算のしかたは

バラバラなんです。

計算過程はバラバラでも、計算結果を式に戻せば世界共通の文章になるから問題はないと。

そういうこと。日本の子どもたちが学校で習う筆算は、昔の偉い人たちが、「義務教育で教える筆算のテクニックはこれに統一しよう」と決めただけのことなんです。

⇨ 足し算の筆算、基本ルール

では、実際に日本の教科書で教える足し算の筆算のしかたを紹介します。まずはくり上がりがないものにしましょうか。
式は「52 + 35 =□」にするとして、筆算をするときは次の手順で準備をします。

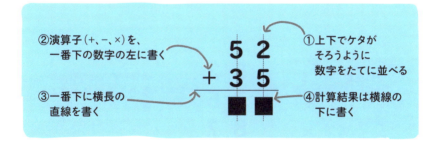

この手順は足し算、引き算、掛け算共通です。
このなかで圧倒的に重要なのが、①の**ケタをそろえること**。ここでケタがずれると計算を間違えます。小さい子どもは文字や数字をたて横まっすぐに書くことがそもそも苦手なので、マス目のあるノートを使ってください。

だからマス目入りのノートを買わされるんですね。

 理由はちゃんとあるんです。
②の演算子については、自分がいまから足し算をするのか、引き算をするのか、掛け算をするのか忘れないようにするためのメモにすぎません。
③の直線は「＝」のことだとイメージしてください。線を引くときに頭の中で「〜足す〜は！」といってもらえれば、気合が入って集中力が上がります（笑）。

準備が整ったら計算をしていきます。今回は 52 と 35 がたてに並んでいますけど、これが暗算できたら筆算をする意味がありません（笑）。

そこで筆算の重要ポイント。まずは「2」と「5」が並んでいる一の位のたてのラインだけに注目します。
次に十の位に注目して計算します。

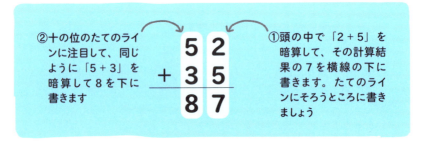

するとなんということでしょう。「2 + 5」と「5 + 3」をしただけで、2ケタの足し算がかんたんにできてしまいました。

このように、筆算の最大の特徴は、どれだけケタの多い数字の計算であっても1ケタずつ計算するこ

とで計算できてしまうことです。なぜそんなことをするのかというと、1ケタ同士の計算なら暗算ができるから。

いまやった計算過程を式で表現するならこうなります。

$$52 + 35 = \underbrace{(50 + 30)}_{\text{十の位の計算}} + \underbrace{(2 + 5)}_{\text{一の位の計算}}$$
$$= 87$$

なるほど〜。

ようは筆算って、一の位、十の位、百の位、千の位を、それぞれ個別に計算をして足しているだけなんです。
たとえば、引っ越しで大きく重たい家具を運ぶときって、いったん小さな部品に分解すればかんたんに運べますよね。そして運んだ先でまた組み立てればいいと。

筆算はまさにそれをやっているんです。暗算できるレベルまで分解して、すべての暗算が終わったら組み立てる。それを正確に行うためのテクニックのひとつが筆算なんです。

そういわれてみるといつの間にか組み立てが終わっていますね。

そう。筆算の横線の下のスペースって「組み立て工場」なんです。そこにどんどん数字を運んでいけば勝手に答えができあがるようにできているんです。

筆算を使えば次のメリットがあります。

・どう分解すればいいのか迷わない
・どの計算（四則演算）をすればいいのか迷わない
・どの数とどの数を計算すればいいのか迷わない
・どの順番で計算すればいいのか迷わない
・位がどれだけ多くても迷わない
・どう組み立てていいのか迷わない

すごく合理的な方法なんですね。

はい。くり返しますが、このテクニックは「位ごとに計算すること」が唯一の目的であり、存在意義みたいなものなので、**位をそろえて書くことがとにかく重要**です。
こんなことをいうと小学校の先生に怒られそうですけど、「＋の位置が」とか「横線の書き方が」みたいな話は、ぶっちゃけどうでもいいです。

⇨ くり上がり筆算の基本ルール

次に筆算でくり上がりが起きるときどうすればいいか説明しましょう。たとえば、「39 ＋ 84 ＝□」で一の位を足したらくり上がりが起きます。

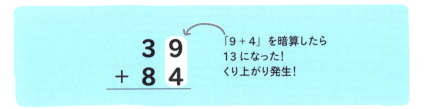

ここでも先ほどの1円玉をかぞえる話を思い出してもらうと理解しやすいかもしれません。

右のたてラインの計算では「端数の1円（一の位）がいくつあるか」が知りたいんですよね。それで9円と4円を足したら13円になってしまったわけですけど、13円を10円のカタマリ1つと3円に分解して考えればいいんです。

するとバラバラな状態の1円玉（一の位）は3ですから、横線の下の組み立て工場には3と書きます。これ以降、一の位の値が変わる計算はないので、自信を持って書きましょう（笑）。

そして、新たにできた10のカタマリは、このあとの十の位の足し算で一緒に足せばいいので、**十の位のたてラインの上に「1」とメモしておきます。**「カタマリが1つ増えたぞ。足すのを忘れるなよ」という自分のためのメモです。

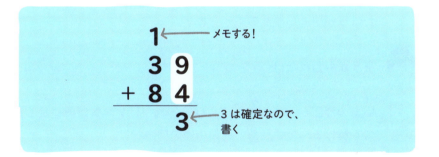

十の位の足し算を行うときは、頭の中で「1＋3＋8」を計算します。すると12になってまたくり上がりが発生しました。
この場合も考え方は一緒で、12を10のカタマリと2に分解して、組み立て工場の十の位には2と書きます。そして左どなりの位（百の位）の上に1とメモをします。

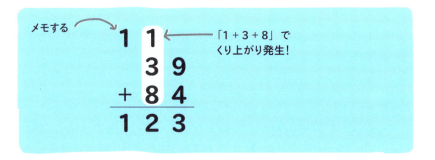

でも、百の位には 1 を足す相手がいませんね。だから「1 + 0」だと考えて、1 がそのままストンと組み立て工場に落ちてきます。こうやって 123 という答えをだすことができました。

くり上がりのメモって上に書かないといけないんですか？

自分用のメモなので、組み立て工場のスペースに小さく書いてもかまいません。 そういう人もいますよね。ただ、低学年の子どもに小さい字を書かせると、数字が潰れて読み間違えたり、位がずれたりするおそれがあるので、上にはっきりとメモをさせたほうが間違いが減る気がします。

そうかもしれない。

いまの理屈がわかってしまえば、どれだけケタ数が多い足し算でも解けるんです。あとは集中力の問題だけ。

小学校では 2 年生で 2 ケタの足し算、3 年生で 3 ケタ、4 ケタの足し算をしますけど、おそらくそれは大きな数が読めない制約のためで、2 年生でも 10 ケタ、20 ケタの足し算はできます。

そもそも筆算が便利なのは、**「右の位から順番に暗算して、くり**

上がりが起きたら左の位を1つ増やす」という作業を淡々とくり返すだけなので、「いま自分はどのケタの計算をしているのか」を一切意識しなくていいことなんです。一億の位も千の位も一の位も、やることは1ケタの数字の足し算でしかないですから。

しかも組み立て工場で勝手に組み上がっていきますから、ケタの多い数字が読めなくても計算自体はできるんです。

LESSON 2 くり下がりも怖くない！「引き算」をマスター

2日目 2時間目

引き算のハードルは「くり下がり」にあります。「10のカタマリ」を意識しながら何度も計算を解けば、必ずマスターできます。今回は特別に、教科書では教えない引き算の暗算法も伝授します！

⇨「何から何を引くか」という感覚が肝！

小学生が次に習う四則演算は引き算です。
ある数から、ある数を引いたらいくらになるか知りたい。そんな場面は日常生活でたくさんありますね。

- HPが1000ある。ダメージ800の攻撃をくらった。HPの残りは？
- 母は40歳で私は10歳。母が私を産んだのは何歳のとき？
- ポケットに300円入れたはずなのに100円しか残っていない。ポケットに穴が開いていたからだ。いくら落とした？

たとえがリアル（笑）。

それだけ引き算が大事だということです。
初歩的な引き算は、足し算と同様、イラストを見ながら数をかぞえることからはじめるといいでしょう。イラストを多用すると、引き算を使うのはたいてい「なにかがいなくなったとき」や「だれかにものをあげたとき」「数の多さを比べるとき」であり、**引き算をした結果は「残った数」や「差」であることを感覚的につかんでいきます。**

感覚をつかむことって大切ですか？

自分で式を立てられるようになることが大切なので、どんなときに、どんな感じで引き算を使うのかわからないと、計算のしかたをいくら覚えても意味がないですよね。

あぁ、足し算と引き算の使い分けとか。

はい。引き算の計算を正確にすることも大切なんですけど、それ以前に「もらったときの合計を知りたいときは足し算で、あげたときの残りを知りたいときは引き算だな」とか、「増えたときは足し算で、減ったときは引き算だな」みたいな判別ができるようになってほしいんです。

文章問題が苦手な子が多いってよく聞きますよね。

文章の理解とは、その状況を頭の中でイメージできるかどうかの勝負。 その訓練はちゃんとしてあげたいですよね。

⇨ 引き算で求めるのは「差」

引き算を表す記号は「−（マイナス）」です。漢字の一（いち）でもなければ、アンダースコア（＿）でもありません。ちょうど真ん中に書く横棒です。「−」は「引け！」「減らせ！」を意味する命令で、たとえば「3 − 2」なら「3から2を引け」となります。

必ず、左から右を引くと。

はい。ここが足し算と大きく違うところで、「A ＋ B」の場合、AとBはいずれも「足す数」という同じ役割なので、足す順番が入れ替わっても計算結果は変わりません（交換法則）。

しかし、「A − B」の場合、Aは「引く前の元の数」で、Bは「引く数」という異なる役割分担があるので、AとBを勝手に入れ替えてはいけないんです。
式に「AからBを引け」と書いてあるのに、勝手に「BからAを引く」計算をしてしまったら、正しい答えはでませんよね。

では、実際にかんたんな引き算をやってみましょう。
最初は「1ケタ−1ケタ」の引き算から入ります。足し算と違って引き算は混乱しやすい子どもが多いので、最初のうちは焦らずに、イラストを使ったり、指を使わせたりして、引き算に慣れてもらいましょう。
そもそも算数の世界に「指を使ったらだめ」なんてルールはありません。慣れたら次第に暗算できるようになります。

どうしても「8－2＝□」みたいな問題を難しく感じる子どもには、まず「2＋□＝8」という問題を解いてもらうといいかもしれません。それぞれの式がどんな意味なのか、アメを使って考えてみましょう。

> **問題**
>
> 8－2＝□
> アメが8こあります。そのうち2こ食べたら、残りは何こ？
>
>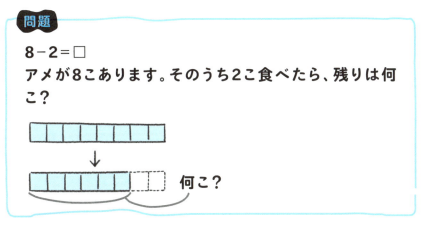

> **問題**
>
> 2＋□＝8
> 2このアメにあと何このアメを足したら、8こになる？
>
>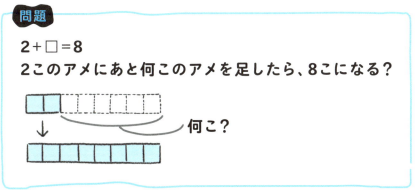

両方の式とも8と2の「差」を求めているんですね。実際、**引き算の結果のことを数学用語では「差」**といいます。足し算は「和」、引き算は「差」。

 あ、そういえばアメリカの教科書でも difference でした。

「違い」ですよね。子どもに説明するなら「数字と数字がどれくらい違うか」とか、「ギャップがどれくらいあるか」とかね。

だから引き算を習いたてのころは、先ほどのアメのイラストみたいに「長い棒」と「短い棒」と「2本の棒の差」を紙にかいて、いまわかっている情報がどれで、どの数字を知りたいのかを整理していく、あるいはそういう図があらかじめ書いてある問題をたくさん解くといいですよ。

迷ったら紙に書いて情報を整理する。 問題用紙の空白はどんどん汚す。スマートに、きれいに解く必要なんてありません。実際、引き算の練習が終わって複雑な文章問題が多くなっていくと、単純に差を求めるだけの問題は減っていくんですね。

差はわかっているけど、「長い棒」がわからないとか、「短い棒」がわからないみたいな問題もでてきます。

だからいま知りたい数字が「長い棒」なのか「短い棒」なのか「2本の棒の差」なのかを見極めるためにも、「長い棒」「短い棒」「2本の棒の差」を紙に書いて、わかっている数字から埋めていくのがおすすめですね。慣れてきたら書かなくてもいいですけど、頭の中に棒のイメージが浮かぶようになってほしいです。

▶ くり下がりが起こるパターンを攻略

「1ケター1ケタ」の引き算が暗算ですぐに答えられるレベルになったら、**2ケタの引き算に挑戦**してもらいます。

最初は「28 － 13」のようなくり下がりが起きない引き算で、1ケタずつ引き算すれば解けることを学んでもらいましょう。十の位は「2 － 1 ＝ 1」、一の位は「8 － 3 ＝ 5」で、答えは 15。

計算は右から？　左から？

筆算に向けた練習と考えるなら一の位から計算してもいいんでしょうけど、**ふだんの生活で暗算することを考えれば十の位から暗算したほうがいいかもしれない**ですね。
だって、左から暗算してその計算結果をそのつど口にだせば、「じゅう……ご」って、答えがでるじゃないですか。

あ、そうか。

ただ、引き算で毎回このように単純な計算ができるわけではないですね。たとえば「15 － 7」という問題を解こうとして、一の位を暗算したら、「5 から 7 が引けない！」という緊急事態に直面します。
このときに、くり下がりという操作や考え方を教えるわけです。

引き算の学びはじめで、「1ケタ－1ケタ」を覚えた子どもが次にマスターしないといけないのは、「くり下がりが起きるかどうか」を一瞬で判断できるようになることです。といってもその判断は難しくはなくて、1ケタ同士の引き算で、**引く数のほうが引かれる数より大きいときにくり下がりが起きる**ということを学んでもらいましょう。

くり下がりが起きる「15 － 7」を解く王道の方法も、やはり 10 のカタマリをつくることです。

まず引かれる数の 15 を、「10 のカタマリ」と「バラの 5」に分解します。そして 10 のカタマリから 7 を引けばいいんです。この計算ならかんたんに暗算できますね。そしてその差の 3 に、バラした 5 を足すと答えは 8。これがいわゆる「さくらんぼ算」といわれている解き方です。

$$15 - 7$$
$$= 5 + 10 - 7$$
$$= 5 + 3$$

「15 を分解したら答えが変わるんじゃない？」って思いませんかね？

そういう子もいると思います。だから 1 円玉 15 枚から 7 枚引くという作業を実際にやってみるといいでしょう。

1 円玉 15 枚をバラの状態でテーブルに置いてから、そのうち 10 枚を積み上げてカタマリにする。そのカタマリから 7 枚抜く。残った 1 円玉を数えさせる。これをすれば、「15 を分解しても最後は足すからちゃんとかぞえられるな」ってわかると思うんです。

「15 − 7」をそのまま解こうとするのではなく、「10 − 7」と「5 + 3」という 2 回のかんたんな暗算に分解する。 これが解けないと引き算の筆算に進めません。

このようなくり下がりがある引き算って他にどんなのがありましたっけ？

たとえば、20 以下だとこんな感じです。

> **ここがポイント！**〈計算力強化！　くり下がりが起こるパターン〉
>
> 18-9
> 17-8、17-9
> 16-7、16-8、16-9
> 15-6、15-7、15-8、15-9
> 14-5、14-6、14-7、14-8、14-9
> 13-4、13-5、13-6、13-7、13-8、13-9
> 12-3、12-4、12-5、12-6、12-7、12-8、12-9
> 11-2、11-3、11-4、11-5、11-6、11-7、11-8、11-9

 あ、これだけしかないんですね。

 はい。ただ、丸暗記しろという意味ではないですからね。こういう問題を何度も解いているうちに頭の中でパパっと計算できるようになってほしいという意味です。

「15 − 7」にしても、慣れてくれば「（カタマリに入らなかった端数の）5 足す（10 から 7 を引いた）3」と脳内変換できるようになります。

 これって 10 のカタマリを使う以外の解き方もあるんですよね。娘も最初のころはかたくなに「8、9、10、11、12、13、14、15」って指でかぞえていました（笑）。

 最初はそれでもいいですよ。でも、ほかにもいろんな方法があることを教えておけば、**「こっちのほうが速いかも？」と自分に合った方法を見つけるはずです。**
たとえば、14 が「7 ＋ 7」だと記憶している子は「14 − 7」を

みたら一瞬で 7 だとわかるでしょうし、「13 − 7」をみて「14 より 1 つ小さいから答えは 6 だ」と解ける子もいるかもしれません。

なるほど。そういう解き方もあるのか。

ただ、もう一度いいますけど、**くり下がりが起きないときは大きな位から 1 ケタずつ引き算したほうが速い**です。

くり下がりが起きるか、必ずチェック。

はい。くり下がりが起きない式でも 10 のカタマリをつくる解き方で、答えはだせますけど、すごく無駄な計算をすることになるんです。

➡ 引き算の筆算、基本ルール

では筆算をやりましょう。かんたんに暗算できるくり下がりが起きない引き算を筆算で解く必要はほぼないので、くり下がりが起きる例題「48 − 29 ＝ □」で説明します。
引き算の筆算のしかたは足し算とほぼ同じです。

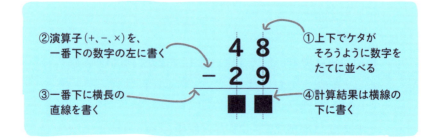

ケタは必ずそろえて、たてのラインをつくってください。

引き算の筆算も一の位からはじめます。
一番右のたてラインだけ意識して、まずはくり下がりが起きるかチェックします。**筆算では上から下を引くので、上の数より下の数が大きければくり下がりが起きる、ということです。**

今回のケースでは8から9を引くことはできないので**緊急事態発生**。くり下がりをしないといけません。

ではどうするか。ひとつ上の位から10のカタマリを持ってくればいいんですね。48の十の位から、10のカタマリ1つ分だけ一の位に移動させます。
十の位は4から3に減るわけですから、あとで十の位の計算をするときにそのことを忘れないように、**4に斜線を入れ、上に3と書き直しておきます。**

```
         3
4 から3に　　  4̸ 8
変わったことを → 
忘れないようにメモ  - 2 9
```

足し算だと上に1とメモするだけでしたけど、引き算だと斜線を入れるんですね。

足し算のくり上がりは「追加」ですけど、引き算のくり下がりは「変更」なので、4から3に変わったことをはっきりさせたほうが、計算ミスが減るんです。もし斜線を入れないと十の位に3、4、2とたてに並ぶことになって、わかりづらいですよね。

なるほど。

一の位の引き算は「18 − 9」になるので、暗算で9と解いて、その答えを横棒の下に書き込みます。

今度は意識を十の位のたてラインに移し、変更された3から2を引きます。1を横線の下に書くと、**19という答えができあがります。** これが引き算の筆算のやり方です。

$$\begin{array}{r} 3 \\ \cancel{4}\,8 \\ -\ 2\,9 \\ \hline 1\,9 \end{array}$$

3−2=1 → ← 18−9=9

ちなみにいまやった筆算を式で表すとこうなります。

$$48 - 29 = (40 - 20) + (8 - 9)$$
$$= (30 - 20) + (18 - 9)$$
$$= 19$$

ひとつ注意すると、10のカタマリの移動は上の数（48）の中だけで完結させること。まちがって下の数（29）に移動させないでください。それだと計算結果が変わってしまいます。

⇨ 2ケタ以上を暗算で解くおすすめの方法

以上が教科書的な足し算と引き算のやり方です。
せっかくなので暗算でやるコツをお伝えしましょう。

ぜひぜひ！ 実は最近ダーツにはまっているんですが、スティールダーツの世界って2、3ケタの数字の足し算、引き算の暗算をみんな一瞬でやっていて、自分の文系脳を恨むばかりなんです。

暗算が苦手な大人、あるいは足し算や引き算の筆算などでひっかかる子どもは、おそらく、小さな位から計算することが、直感に反するからです。ふだん、**大きな位から数字を読んでいるのに、計算するときだけ逆になる。それに気持ち悪さを感じるんです。**

「25」を「にじゅう・ご」と読むのに、「25 − 18 ＝ □」を一の位から計算するのに違和感があるってことですね。

そうです。だからそういう人は次のように大きな位から、数字を口にだしながら計算してみてもいいと思います。

> **ここが ポイント！〈計算力強化！ 2ケタ以上の足し算、引き算の暗算法〉**
> ① **一番高い位から順に計算。そのとき、となりの位の数をチラッと見て、くり上がり（下がり）がないか確認。**
> ② **くり上がり（下がり）を含めて、上の位から順々に数字を決定していく。**

では、郷さん「35+58 ＝ □」を解いてみてください。

わ、わかりました……。
（十の位の計算「3 + 5」だから）はちじ……、
（あっ、一の位「5 + 8」でくり上がりだ）きゅうじゅう……、
（「5 + 8」の一の位は）さん。

93 ですね？　正解です！
この計算方法に慣れていくと、流れるように計算できるようになりますよ。引き算も一緒です。
郷さん「142 − 63 ＝□」を暗算でやりましょう！

ヒエーっ！　えっと……、
（高い位からだから、「14 − 6」で）はちじ……、
（くり下がりがあった。「13 − 6」で）ななじゅう……、
（「12 − 3」だから）きゅう……ですね？

79。正解です‼　口にだしながら計算をしていって、気づいたら終わっている。そんな方法です。

⇨ 差がマイナスになる式は「解なし」

そういえば「2 − 3 ＝ − 1」のように引き算の結果が 0 より小さくなったとき、小学校ではどう教えるんですか？

「解なし」と教えますね。
私が先生なら二重丸をつけますけど、学習指導要領に従う先生はバツにするかもしれません。

ひどい……。まだ教えていない漢字を使ったらバツにする先生と同じだ。そもそもなんで「解なし」なんですか？

単純な話でマイナスの数は中学で教えるからです。「解なし」って、実は**「いまの僕たちの算数レベルでは答えがだせません」と書かせているのと同じなんです。**

それは……いいこと？

それは問題ないですよ。だって中学で習う2次方程式でも「解なし」はありますからね。ルートの中の値がマイナスになった場合です。でも、「虚数」という数を使えば解はだせるんです。

もう、なんもいえないです（笑）。

結局、数の種類っていっぱいあるんですけど、いま自分たちがどの種類の数を扱っているのかについては暗黙の了解があるんですね。
たとえば、かくれんぼで10までかぞえるときは自然数で1、2、3……とかぞえるのが暗黙の了解。－10からかぞえたり、0.1刻みや2刻みでかぞえたりしたら「あいつなんやねん」と思われますよね。日常生活ですらそうなんですから、算数や数学の授業で数の種類の線引きをするのはしかたがないかなと思います。
ただし、**「解なし」も「－1」も正解にすべきです。**

それを理解したらもう、足し算、引き算はマスターですね。

LESSON 3 九九できるの天才！掛け算をマスター

2日目 / 3時間目

「なぜ九九を暗記しないといけないの？」。そんな問いに、子どもが納得できる回答ができる人はそう多くありません。掛け算とはなにか、九九とはなにか。西成先生がわかりやすく解説します。

⇨ 掛け算とは、超効率よく足すということ

 次は掛け算をやりましょう。説明のために式を書いておきます。

$$3 \times 4 = \Box \quad (3かける4は\Box)$$

このような式を使うのは、こんな状況ですかね。

- 子どもが3人いる。ひとり4こずつアメをあげたい。アメは何こ必要か？
- 3匹のイヌがいる。それぞれのイヌは足が4本ある。足の数の合計はいくつか？
- 月3回のレッスンを4カ月受けた。ぜんぶで何回レッスンを受けたか？

3こというカタマリが4セットあるときの合計を知りたい。こんなときに使います。では掛け算自体はどんな命令かというと、さっきの式でいえば「3を4回足せ」という命令です。

え？

「『掛ける』って書いてあるのに『足す』ってどういうことやねん！」と思うでしょうけど、数学の世界で**「掛ける」とは、「ある数を、ある回数だけくり返し足せ」という意味**なんです。

だから「3×4」は「3＋3＋3＋3」とまったく同じ意味。答えは12になります。

$$3 × 4 = 3 + 3 + 3 + 3 = 12$$

へぇ。

3を4回足すのは頭の中で計算できますね。でも、「9を8回足せ」とか、「2980を543回足せ」になると大変です。
そこで昔の人がいいアイデアを思いついたんです。

「毎回足すのは面倒くさい。だったら**1から9までの数同士の組み合わせを丸暗記すればいい。**81パターンならなんとかなるだろう」って。いわゆる九九のことです。

画期的な方法を思いついたとかではなく？

暗記という力業にすぎないんです（笑）。
でも、こうやって81パターンの掛け算を暗記したり、あらかじめメモをしておく方法が広まったことで、そろばんや筆算を使ってどんなに大きな数でも掛け算ができるようになったんです。これは革命的な出来事です。

だから**九九って「掛け算の入門」みたいな位置づけでは決してなくて、掛け算の本家本丸**です。昔の人からすれば**「え？なんでこの計算を暗算できるの？ 超天才！」**みたいなことを、2年生でやっているんです。

そういう経緯だったんですね。

⇨ 意外と出番の少ない「×」の正体

掛け算は「乗算（じょうさん）」とも呼ばれ、乗算の結果のことを「積」といいます。堅苦しい言葉ですけど問題文で使われるのでぜひ覚えておきましょう。
乗算記号は「×」と書きます。この記号の意味は「ある数をある回数分足せ！」です。英語の *x* ではないですからね。パソコンで「かける」と入力して変換すればでてきます。

ちなみに**小学校時代に散々使うこの「×」、中学に入ると「できるだけ省略しろ」といわれます**（笑）。

わからない数を x や y や z で表すことが増える中学数学では、たとえば「3 × y」の「×」を省略して、「3y」と書くスタイルを覚えます。

さらに高校に入ると、「『×』じゃなくて『・』を使え」といわれたりします（笑）。数学者も乗算記号は基本的に省略できるところは省略し、書かないといけないときは「・」を使う人が多いです。

だったら最初から「・」を教えればいいのに……。

私もそんな気がしています（笑）。もちろん「×」派の先生もいますけどね。複雑な式の中に「×」があると、「掛けろぉぉぉ！」って感じで目立つんですよ。

ちなみに高校で理系の生徒が習う「ベクトル」という世界では、「×」と「・」はそれぞれ明確に使い分けされるので、「×」と「・」はまったく同じものといい切ることができないのがもどかしいところです。

しかも、エクセルとかプログラミングだと、掛け算の命令は「＊（アスタリスク）」ですよね？

そうそう。「どんだけバリエーション豊富やねん」という話です。「＊」は昔の数学者の一部で使われていたそうです。

なんですか……この統一されていない感じは。

まあ、数学が完成された学問ではないからです。書き方も進化するし、計算のテクニックも進化するし、理論も進化する。

あと、リアルな話で派閥対立みたいなこともあるわけですよ。「＝」が広まったのはニュートンやライプニッツの影響が大きいと先ほどいいましたけど、イギリス人のニュートンは乗算記号に「×」を使っていました。でも当時、彼のライバルであったドイツ人のライプニッツは「・」を使っていました。

結果的に科学者としての知名度ではニュートンの圧勝でしたが、ライプニッツは記号の表記のしかたにすごくこだわった人で、その影響力はいまの数学界にも色濃く残っているんです。ちなみにライプニッツが「・」を使った理由は、「x と×の区別がつかないから」だったそうです。

納得のいく理由（笑）。

非常にドイツ人らしい合理的な考え方ですよね。ちなみにドイツの小学生はみんな「・」を使っています。

九九の覚え方のコツ

ということで、いよいよ九九を学ぶときがやってきました。とはいっても完全に暗記ものなので、教えることは特にありません。**多くの小学生にとって人生で最初に体験する詰め込み教育かもしれません（笑）。**

そういえば、九九で思い出しましたけど、積が1ケタの場合だけ「が」がつくんですよね。「変な日本語だなぁ」と思いながら覚えた記憶があります。

正確な起源はわからないですけど、そろばんで掛け算をするときに「が」をつけることで1ケタの数字だとわかりやすくしたのかもしれません。でもおっしゃる通り、積が10以上のときは「が」も「は」もつきません。

九九を覚える基本はやっぱり歌ですね。YouTubeで「九九」を検索して、気に入った曲をくり返し視聴することをおすすめします。あとはお風呂に九九の一覧を貼って親子でその歌を一緒に歌うとかね。**とにかく反復していれば未就学児でも覚えられます。** 私が小さいころは念仏のように唱えて自分が発した言葉が耳に入ってくることでいつの間にか覚えている、ということをやったわけですが、いまの時代、YouTubeを使わない手はないでしょう。

やっぱり耳ですか？

そもそも九九は語呂合わせなので、耳で覚える前提でつくられているんです。

たしかに、語呂合わせじゃなければこんな変な日本語で覚えないですよね。

ただ、耳ではどうしても覚えられない子どももいます。そういう子は視覚重視の九九のアプリなどを使うと、あっさり覚えてしまうこともあるみたいです。

そういえばアメリカだと一覧を丸暗記させるんですよ。一覧を見ながら「2 times 2 equals 4」みたいにひたすらいわせる。

海外は基本そうなんです。日本のように語呂合わせで覚えさせる国って実はそんなに多くなくて、そういう意味では日本人って少し有利といえるのかもしれません。

いずれにせよ、**九九の覚えが遅いからといって子どもを叱ったり、プレッシャーをかけたりすることだけはやめましょう。** 脳の特性や発達のスピードには個人差がありますし。

あと、そうだ。九九には含まれていませんけど、掛け算で0がでてきたら、**積は必ず0**です。「0×1」も「1×0」も0です。これは掛け算の意味を考えればわかります。「0を1回足せ」は0だし、「1を0回足せ」も何も足していないので0ですよね。

⇨ 覚えるべき九九は36パターンまで絞り込める

 それと1の段はわざわざ語呂合わせで覚えさせなくていいと思います。先生が覚えさせるならしょうがないですけど、そもそも「○×1」とか「1×○」って、それぞれ「○を1回足せ」「1を○回足せ」という意味なので、答えは「○」そのもの。**覚えるなら2の段からスタート**でいいかもしれません。

最初に覚えた九九はその子の長期記憶に残るので、「1×7」を見るたびに「いんしちがしち」なんて思いだしている時間がもったいないです。

 いいづらいし。

そう（笑）。むしろ「○×1」とか「1×○」を見かけたら、「1を掛けても数字は変わらない」「1の段は計算するだけ無駄」と直感的に思ってほしいですね。そもそも中学以降は1の掛け算は書くのを省略するように奨励されますから。

たしかに。
そういえば苦手なパートは克服したほうがいいですか？　実をいいますと、私、かんたんなはずの5の段の後半が苦手で、「ごしち」と唱えてもあとがでてこないんです。でも「しちご」ならわかるので、頭の中でひっくり返すということを、いままでの人生、誰にも気づかれずにやっています（笑）。

答えをだせるなら OK ですよ。九九を習う目的は「掛け算の筆算ができるように、81パターンが暗算できるようにすること」です。**「九九を一字一句正確に覚えること」が目的ではないんです。**

掛け算は足し算同様、**計算する順番を自由に入れ替えていい「交換法則」**が成り立ちます。

$$A \times B = B \times A$$
$$(A \times B) \times C = C \times (B \times A)$$
$$= C \times (A \times B)$$

郷さんの場合は「5×7」を覚える代わりに、交換法則で使える「7×5」を覚えたわけですよね。

たぶん当時の私はできるだけ楽をしたかったんだと思います（笑）。これ以外にも、「大きい数字からの九九なら覚えている」という組み合わせがいつかあります。

そういう人は多いと思いますよ。みんないわないだけで（笑）。江戸時代の教科書の九九も効率重視で45パターンほどだったそうです。さらにそこから「覚えるだけ無駄の1の段」を除けば、実は子どもたちが絶対に覚えないといけないパター

36パターンの九九表

	2	3	4	5
2	2 × 2 = 4	2 × 3 = 6	2 × 4 = 8	2 × 5 = 10
3		3 × 3 = 9	3 × 4 = 12	3 × 5 = 15
4			4 × 4 = 16	4 × 5 = 20
5				5 × 5 = 25
6				
7				
8				
9				

ンって 36 しかないんです。

 やっぱり、私の直感は合っていた！

 だから語呂合わせがどうしても苦手な子どもは、この一覧をためしに使ってみるのもいいと思います。

6	7	8	9
2 × 6 = **12**	2 × 7 = **14**	2 × 8 = **16**	2 × 9 = **18**
3 × 6 = **18**	3 × 7 = **21**	3 × 8 = **24**	3 × 9 = **27**
4 × 6 = **24**	4 × 7 = **28**	4 × 8 = **32**	4 × 9 = **36**
5 × 6 = **30**	5 × 7 = **35**	5 × 8 = **40**	5 × 9 = **45**
6 × 6 = **36**	6 × 7 = **42**	6 × 8 = **48**	6 × 9 = **54**
	7 × 7 = **49**	7 × 8 = **56**	7 × 9 = **63**
		8 × 8 = **64**	8 × 9 = **72**
			9 × 9 = **81**

111

0のある掛け算はボーナス問題

掛け算のポイントをひとつおさえておきましょう。10、100、1000のような数字を掛け算するときは、**0の数をかぞえて、掛けられる数の数字に0を書き足したものが積になります。**

$$7 \times 1\dot{0} = 7\dot{0}$$
$$29 \times 1\dot{0}\dot{0} = 29\dot{0}\dot{0}$$
$$61 \times 1\dot{0}\dot{0}\dot{0}\dot{0} = 61\dot{0}\dot{0}\dot{0}\dot{0}$$

たとえば「34 × 1000」を 34 枚の 1000 円札と考えれば、「34 千」になります。そんな位の読み方はないので、3万4千円になりますけど、結果的に 0 が増えるだけ。

 0をそのまま増やせばいいんですね。

 この理屈がわかると、次のようなときも暗算でできるようになります。

400円のお菓子詰め合わせを50こ買ったらいくら？

式は「400 × 50」（あるいは「50 × 400」）ですが、400 を「4枚の 100 円玉」、50 を「5 こを 10 セット」と考えたら、実際に

暗算をしないといけないのは「4 × 5」だけ。
暗算したものに「× 100」「× 10」をしてあげればいいんです。

$$
\begin{aligned}
400 \times 50 &= 4 \times 100 \times 5 \times 10 \\
&= 4 \times 5 \times 100 \times 10 \\
&= 20 \times 100 \times 10 \\
&= 20000
\end{aligned}
$$

⇨ 掛け算の筆算、基本ルール

では九九を使った掛け算の筆算を覚えましょう。パッと見は足し算や引き算と同じように見えますが、ちょっとだけやり方が違うところがあります。

まず準備段階から。2つの数字をたてに並べて書くことは足し算、引き算と同じです。足し算と引き算の準備段階ではケタをそろえることが何より重要だといいましたね。でも掛け算は違います。**右側に透明な壁があると想像して、数字を右にそろえて書きます。**

$$
\begin{array}{r}
1\ 4\ 3 \\
\times\qquad 2 \\
\hline
\end{array}
$$
← ケタそろえではなく 右そろえ

は？ 足し算、引き算と同じ、ケタそろえじゃないんですか？

たしかに。1、2、3みたいな整数同士の掛け算だと、右そろえにすればケタもそろいます。でも、それは「結果的にケタがそろっただけ」で、ケタをそろえようとしてこう書いたわけではないんです。

といっても、いまの説明で納得できる子どもは少ないと思うので、先にかんたんな小数の掛け算をチラ見せします。小数とはなにかの説明は3日目にゆずりますけど、体温計や体重計などでよく見るので知っている子は知っているでしょう。

$$\begin{array}{r} 4.3 \\ \times2 \\ \hline 8.6 \end{array}$$

これが小数の掛け算です。4.3の一の位は「4」です。2の一の位は「2」です。でもケタがそろっていませんね。その代わり、一番小さい位の数字が右側でそろうように書いています。これが「右そろえ」です。わざわざここまでしつこく強調する理由は、この段階で「掛け算もケタそろえなんだ」と勘違いしてしまうと間違いのもとになるから。くり返しますが……

掛け算は右そろえ。

ありがとうございます（笑）
では「143 × 2」を筆算で解いてみます。筆算の目的は、大きな数字を1ケタずつのかんたんな計算に分解することでしたね。それは掛け算でも同じです。

まず、一番小さい位の数字同士で掛け算をします。
掛け算ならではのテクニックが登場するのが次。
次は斜めの数字同士で掛け算をするんです。
その次も斜めに掛け算します。

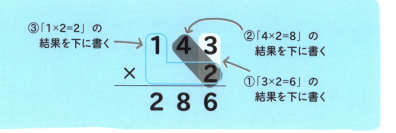

これで最終的な答えが「286」だとわかりました。

なぜこのような計算のしかたをするかというと、「143 × 2」という計算を、「100 × 2」と「40 × 2」と「3 × 2」に分割すれば計算がかんたんになるからです。それぞれ答えは 200 と 80 と 6 で、それを全部足したものが「143 × 2」の積になります。

$$143 \times 2 = (100 \times 2) + (40 \times 2) + (3 \times 2)$$
$$= 200 + 80 + 6$$
$$= 286$$

「なんで掛け算なのに足しているの？」って迷う子はいないですかね。

その場合はお金で考えてみましょう。

> **― 掛け算の筆算を小銭で考える ―**
> **143円の小銭が2セットあったらいくらになるでしょうか?**
> ① 143円を「100円+40円+3円」に分けて考える
> ②「100円×2」「40円×2」「3円×2」をそれぞれ暗算する
> ③ ②の計算結果をすべて足す

なるほど! では③の「計算結果をすべて足す」という作業を、横線の下の組み立て工場でやるわけですね。

そうです。ただし、いまは掛ける数が1ケタだったのですんなり組み立てが終わりましたが、**掛ける数が2ケタ以上になると、横線の下は「中間組み立て工場」という位置づけに変わり、最終的な「組み立て工場」はもっと下に押しやられていきます。**

「工程が増える」ってやつですね。

はい。次はくり上がりが起きる場合も含めて、その説明をしましょう。今度は「143 × 52」にしましょうか。
まずやることは先ほどと同様、2を起点にして、「3 × 2」「4 × 2」「1 × 2」の暗算。答えの286は横線の下に書きます。

```
      1 4 3
  ×     5 2
  ─────────
      2 8 6   ← 「3×2」「4×2」「1×2」の答え
        :
```

116

問題が次です。

今度の主役は十の位の 5。今度はこの 5 を起点に「3 × 5」「4 × 5」「1 × 5」の順に暗算をしていきます。

まず「3 × 5」は 15 ですから一の位は 5 ですね。さて、ここが掛け算の筆算で一番間違えやすいポイントなので集中して聞いてください。

はい。

この 5 は、286 の十の位「8」の真下に書きます。一の位「6」の下に書かないように。そのスペースは**「見えない 0」がガードをしていて書き込むことができない**と思ってください。

そしてくり上がる十の位「1」は、286 の百の位「2」の真下に小さくメモします。掛け算でくり上がりが起きるときは、このように中間組み立て工場の中にメモしましょう。

```
    1 4 3
  ×   5 2
  ─────────
    2 8 6
  ₁
      5 0  ← 見えない 0
      ⋮
```

足し算のときのように一番上ではダメなんですか？

このくり上がりの「1」は、あとあとこの中間組み立て工場で行われる足し算で使うための数字で、掛け算では使わないんです。だから一番上に書いてしまうと紛らわしい。

117

そういう事情があるんですね。

で、子どもたちはきっとこう思っているでしょう。「なぜ一の位の『5』を、十の位の『8』の下に書くの？」って。

それは「3×5」の「5」は、実際には50だからです。だって元の掛ける数は52ですからね。それを50と2に分けて考えて、先に2の計算をして、いまは50の計算をしているんです。
暗算では「3×5」をしましたけど、実際には「3×50」を計算していたんです。だから本当の答えは「150」。「5」って実は十の位だったんです。

「見えない0」の正体は「×10」だったわけですね。

そういうことです。
次の暗算は「4×5」で答えは20。一の位は0ですけど、この0は286の百の位「2」の真下に位置します。するとここにくり上がりのメモで「1」とありますから、0と1を足した「1」を書き込みましょう。くり上がる2は左どなりに小さくメモしておきます。

最後の計算は「1×5」。答えの5とくり上がりの2を足した「7」を、先ほどの「1」の左どなり、つまり千の位に書きます。

```
              1 4 3
          ×     5 2
          ─────────
              2 8 6
「3×5」
「4×5」
「1×5」の答え→ 7²1¹5
                  ⋮
```

ちなみになぜ千の位かは、もうわかりますね。

実質的には「100 × 50」の計算をしているので、5 は 5000 の意味だから。

素晴らしい。**どこの位を計算しているのか意識しなくていいことが筆算の利点**なので、計算中は別に「いま 100 × 50 だな」と考える必要はありません。
ひたすら機械的に左どなりのケタに移動していけばいいんです。ただ、自分がやっていることの意味や原理原則を理解しておくことは重要です。

さて、ここまできたら「中間組み立て工場」の材料がそろいました。286 と、一の位に「見えない 0」がある 715（0）です。

ではこの工場でなにをするかというと、すでにマスターしている足し算の筆算です。先ほどから掛け算の暗算を何度もしながら計算結果を工場に送り込んでいたわけですけど、実は足し算の準備をしていたんです。足し算の筆算で一番大事なことはなんでしたっけ？

ケタをそろえる！

そう。だから掛け算の筆算をするときは暗算を終えたからといって気を抜いて適当に数字を書くのではなく、**たてラインをしっかり意識して、ケタをそろえて書くことが大切**になるんです。すると答えは「7436」と導きだせました。

```
        1 4 3
   ×      5 2
   ─────────
        2 8 6
      7²1¹5
   ─────────
   7 4 3 6
```

「286 + 715(0)」を筆算 →

だいぶ大きな数字になってきましたね。

「143 × 52」を自力で計算するなんて小学校低学年では想像もできなかったと思いますけど、基本的な算数のテクニックと九九を覚えたらできるんです。この計算を解くために使った暗算をすべて書きだしておきますね。

```
3 × 2 =        4 × 2 =             1 × 2 =
3 × 5 =        4 × 5 =             1 × 5 =
1 + 0 =(繰り上がり用)                5 + 2 =(繰り上がり用)
6 + 0 =        8 + 5 =             1 + 2 =(繰り上がり用)
3 + 1 =        7 + 0 =
```

すげーーー！　見事なまでに分解されてる！

全然難しくないでしょう。これが筆算の力なんです。

いまの説明が理解できたら、ケタが増えても掛け算の筆算はで

きます。ポイントになるのは下段の掛ける数のケタ数。もし**3ケタなら中間組み立て工場は3段になる**し、4ケタなら4段になるというだけです。

段が増えるとあとの足し算の筆算が面倒になっていく感じですね。せっかく掛け算をしたのに組み立てで失敗したらもったいない。

そうそう。だからケタの数が違う数字を掛け算する場合、**「ケタの小さい数字を下段に置く」**のがちょっとしたコツです。つまり、「52 × 143」だと3段になりますが、「143 × 52」だと2段で済むわけです。それだけ段数が減るので、足し算の筆算で間違えるリスクを減らせます。

⇨ 割合でポイントになる「倍」という言葉

掛け算をやったので、ここで「倍」という言葉を教えましょう。「倍」ってふだんから使いますよね。「ポーションを飲んだらHPが2倍になった」とか「買った株が10倍になった」とか「5のつく日はポイント還元2倍」とかね。

この「倍」という言葉はどんなときに使うかというと**「元の数に対して何セット分か」を示すときに使います。**ようは元の数と比べるときですね。
4日目に「割合」という考え方を説明しますけど、「倍」も割合の表現方法のひとつです。

たとえば元のHPが100で、その2倍ということは、100が2こあると考えて200です。買ったときの株価が1000円で、そ

121

の10倍ということは、1000円が10あると考えて1万円。

ようは掛け算の「×○」にあたる部分なんですね。
だから「3×2＝6」という式を日本語に翻訳するとき、次のようにできるわけです。

- 3掛ける2は6
- 3を2回足したら6
- 3の2倍は6

掛けられる数、掛ける数の順序問題

前に交換法則の話がありましたけど、**文章題で答えは正解なのに掛ける数の順番が違ったらバツにされる**という噂を聞いたんですけど。

ああ、「被乗数と乗数の順序問題」ですね。掛け算は「掛けられる数（被乗数）」と「掛ける数（乗数）」で成り立っていて、「被乗数×乗数」という順序で書けと学校では指導するんです。

だから式を立てるときに、**どっちの数字が「掛けられる数」で、どっちの数字が「掛ける数」なのか**、子どもが正しく認識しているかを確認するために、順序が違っていたらバツをする先生がいるんだと思います。

これって……理不尽すぎませんか？

ひどい話だと思います。

交換法則で**「順序を入れ替えても答えは変わりません！」**と教えているそばから**「順序入れ替えて書いたらダメ！」**とするのは子どもを算数嫌いにさせるだけですよね。

この問題について文科省は「交換法則は自分で計算するときに使ってもいいけど、式を立てるときは被乗数と乗数の順序を守れ」といっているんです。学習指導要領の解説ではこんなことを書いています。

「『一つ分の大きさの幾つ分かに当たる大きさを求める』という日常生活などの問題の場面を式で表現する場合に大切にすべきことである」。

なにをいっているのかわからない（汗）。

わかりづらい表現ですよね。「一つ分の大きさ」が被乗数で、「いくつ分か」が乗数だということはなんとなくわかりますけど、だからといって「被乗数×乗数」の順序にこだわる意味が私にもわかりません。

被乗数を左に書くのは150年前に日本がヨーロッパから数学を導入した当時の西洋数学のスタイルにすぎないという話を聞いたことがありますけど、それをかたくなに守っているだけなんです。アメリカの学校だと順序が逆で「乗数×被乗数」ですからね。じゃあ、それは数学じゃないのかという話です。

そうなんですか！

だから**どっちでもいいんです。**どうせ中学に入ったら「どれが被乗数だ？」なんて考えずに、対等な関係で考えるようになりますからね。

それに文章題だから読み手の解釈次第というのもありません？

そうなんです。なにを被乗数としてなにを乗数とするかは読み方次第。たとえばこんな問題を考えましょう。

3こ入りの納豆のパックを4つ買った。納豆は何こ？

この問題を読んで「4こ入りの納豆のパックを3つ買った」と解釈するのは、たしかに誤訳です。でも「4×3」と書いたからといって、そう解釈としたとは判断できないですよね。だってスーパーに買い物にいって「納豆のパックが4つ売ってる。どれどれ、1パック3こ入りか。それなら『4×3』だよな」って考える人もいますよね。

これのどこが間違っているのか教えてほしいですよ。

2日目

【代数】意外に知らないことだらけの「＋ー×÷」

2日目 LESSON 4 時間目

イメージで攻略！割り算をマスター

足し算、引き算、掛け算はできても、割り算でつまずく人はめずらしくありません。それは「数を割る」という行為が、現実世界から少し遠のいているからです。割り算とはなにか。ここでしっかり学びましょう。

⇨ ケンカが起きないように分配しよう

さあ、四則演算の一番の難敵、割り算の出番です。
割り算は「分ける」世界。イメージしにくい分だけ混乱しやすいんです。そこで、こんな問題を考えていきましょう。

問題

キャットフードが12こあります。
4匹のネコに同じ数だけ分けたい。
ネコ1匹に何こずつ分ければいいでしょう？

同じ数で分けないとケンカが起きてしまいますね（笑）。

こういうときに使うのが割り算です。
式は「12 ÷ 4 ＝ □」と書きます。12は「割

られる数（被除数）」、4は「割る数（除数）」という役割を果たします。割り算のことは「除算」といい、除算記号は「÷」。マイナスの上と下に点が打ってあるものです。割り算の答えは「商」といいます。

割り算って除算っていうんですね。

割り算の式を立てるときのポイントは、どれが「割られる数」で、どれが「割る数」なのかです。
「12 ÷ 4」を「4 ÷ 12」にしてしまうと、式の意味も、計算結果も変わってしまいます。

4日目に説明する割合の世界でも、「何を何で割るのか」の見極めが一番大切といっても過言ではありません。

そこ苦手なんですよ。電卓を使っても、打ち込む式をまちがえるので結局まちがえます。

電卓は打ち込まれたものを正しく計算しますので、打ち込むときが大事ですよね（笑）。ぜひ今回と4日目の授業で克服してください。

割り算の意味「カタマリがいくつあるか」

「12 ÷ 4」が何を意味するのか、からいきましょう。
先ほど、12は「割られる数」で、4は「割る数」だといいました。ではこの両者で割り算をした結果はいったい何を意味するかというと、2つあります。

- 12の中に4が「いくつあるか」
  （ある量が何こあるか求める）

- 12を4で分けると「いくつずつになるか」
  （ひとつあたりの量を求める）

割り算はこの2通りの解釈ができるというのが数学界の通説です。解釈というか、割り算を使う「目的」ですね。

知らなかった。

「幅30cmの棚に、厚み3cmの本は何冊入るか」みたいなときは、前者の解釈をすればいいんです。
「アメ8こを2人で分けるときの一人あたりの数」を知りたいなら後者です。

へぇ〜。

まぁ、究極的には両者は同じことをいっていますけどね。

同じ？

同じです。別に前者の解釈だけでもいいと思っています。今回と4日目の授業でそれを理解してほしいと思います。

わかりました！

さて、今回は**「キャットフードが12こあって、それを4匹で分けるときの1匹あたりの量」**を求めたいわけです。そういう場面でも「12の中に4はいくつあるか」と考えることはできます。

「12このキャットフードの中にネコ4匹がいくつかあるか」っていわれても……。

たしかに意味不明ですね（笑）。だけど、「4匹」を「4という大きさのカタマリ」だと考えれば理解できるかもしれません。

テーブルの上に12このキャットフードがあって、4匹のネコたちが同時に1こだけキャットフードを取る場面を想像してみてください。

かわいい。

1回目は4こずつ消えるわけです。いいかえると、
「4という大きさのカタマリ」が消えるわけです。
つまり、12こあったキャットフードが8こになりますね。もう1回やれば残り4こ。もう1回やると0こになりました。これで同じ数だけ分け切りました。

さて、ネコさんは何回、キャットフードを取りましたか？

3回です！

そう。3回というのは、それぞれのネコさんは3このキャットフードをゲットしたということ。だから「12 ÷ 4」の答えは「3」です。

「12を4で分ける」という考え方でも、結局は「12の中に4という大きさのカタマリ」がいくつあるかを計算しているだけなんです。

なるほど、そういうことなんですね。

割り算のしかたは、掛け算がベース？

さてさて、割り算の計算方法を解説していきましょう。

先ほどは「12から4を何回引けるか」を考えて答えをだしましたね。

その方法でも解けますが、もっと万能な方法を使います。
どうやるかというと、**質問の形を変えてしまえばいいんです。**

質問を変える!?

「12 ÷ 4 = □」は「12の中に4はいくつある？」という意味でしたね。この質問を「4がいくつあると12になる？」に変えてみましょう。
文章は違いますけど結局、同じことを意味しています。

「4がいくつあると12になる？」って、掛け算っぽくないですか？

そうです。実は「4 × □ = 12」という式に変換できるんです。

$$12 ÷ 4 = □ \;\rightarrow\; 12の中に4はいくつある？$$
$$\downarrow \;\;変換$$
$$4 × □ = 12 \;\leftarrow\; 4がいくつあると12になる？$$

「4 × □ = 12」は、九九を覚えていれば解けるはず。
「4の段で答えが12になるのは？ ……しにがはち。しさんじゅうに。あっ、3だ！」 と考えればいいんです。他にも、

「9 ÷ 3 = □」は「3 × □ = 9」に。
「28 ÷ 4 = □」は「4 × □ = 28」に。

どうですか？ 解けます？

はい。3と7が答え。……そういわれてみると、**割り算って九九で解いてますね**。

そうなんです。これが割り算の基本。
掛け算に変換して、九九で答えがでてこないものは、筆算をしたり、電卓を使ったりすればいいわけです。基本的に九九で答えをみつけます。

だから九九でつまずいた子は割り算でつまずくわけだ。**でも、割り算ってなんかスッキリしないんですよね。**解きにくいなにかがあるっていうか……。

そのスッキリしない感じは、次にやる内容かもしれません。

⇨ 割り算したのに「余り」がでて割り切れない

先ほどの、ネコさんたちに再登場してもらいましょう。今度はキャットフードが13こです。

困りましたね。大ゲンカしかイメージできないです。

そうですね（笑）。それは避けたい。

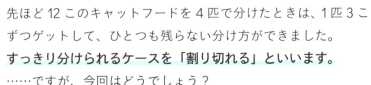

先ほど12このキャットフードを4匹で分けたときは、1匹3こずつゲットして、ひとつも残らない分け方ができました。**すっきり分けられるケースを「割り切れる」といいます。**
……ですが、今回はどうでしょう？

1こ余りますね。

はい。1匹あたり3こゲットできることは変わらないですが、1こだけ余って壮絶なケンカが起きると。

このように割り算をすると「余り」が発生することがあります。
このようなケースを「割り切れない」といいます。
「余り」が発生する割り算では、答えをこのように書きます。

> 13 ÷ 4 = 3 あまり1
> （「13 ÷ 4 = 3 …1」とも書きます）

余りが発生しないときは、「3 あまり0」とは書かずに、単に商の「3」だけ書きます。

余りって……、商の一部ですか？

商と余りは別物です。「商は？」と聞かれたら3だし、「余りは？」と聞かれたら1と答えましょう。

余りのある割り算の計算方法は割り切れる場合とほぼ一緒です。割られる数を超えない、一番大きな数（商）を探すんです。

> 13 ÷ 4 = □
> 4 × □ = 13
> ↓
> ×2 かな？　しにがはち　（13 よりまだ小さい）
> ×3 かな？　しさんじゅうに（あ、13 に近づいた！）
> ×4 かな？　ししじゅうろく（13 を超えた。×3 だ）

これで商は3だとわかるんです。

余りは？

余りの数を求めるには13から（4×3＝）12を引き算すればいいんです。すると1。

$$13 - (4 \times 3) = 1$$
「キャットフードの数」-「ネコたちがゲットした数」＝「余り」

余りがでると答えがこれでいいのか、不安になります。

正しく計算できたかどうかは、「余り」が「割る数」よりも小さい数字になっていることを確認しましょう。
キャットフードが5ことか、6こも余っていたら、ネコたちが**「まだあるじゃないか！」**って黙っていません（笑）。

たしかに（汗）。

ちなみに、余りが発生するときの割り算は、見かけ上は等号（＝）を使っているものの、正規の等号式とは性質が異なります。

たとえば「16÷5」も「10÷3」も答えは「3あまり1」です。しかし、「16÷5＝3あまり1＝10÷3」ではありません。

一方通行みたいな？

そう考えたほうががいいですね。「＝」よりも「→」みたいなイメージ。逆走はしないでね、ということです。

⇨「商」と「余り」の【重要性質】

割り算でぜひ覚えておきたい大事な性質があります。
割り算って、ある大きさの容器があって、その容器の中にある大きさのカタマリがいくつ入るかを計算するようなものですよね。もし容器の大きさが2000で、カタマリが500なら、4こ入ります。ということは、容器の大きさとカタマリの大きさが同じように変化すれば、入る個数は変わらないですよね。

あ、ミニチュア版とか？

あるいは大きくしたものでもいいですけどね。入る個数自体は変わりません。

だから割り算は**「割られる数と割る数に、同じ数を掛けたり、同じ数で割ったりしても商は変わらない」**という性質があるんです。

すみません。よくわかりません（汗）。

たとえば「6 ÷ 2 ＝ 3」。商は3ですけど、割られる数と割る数を3倍しても商は3になるというわけです。

「18 ÷ 6 ＝ 3」、あ、ほんとだ。

割られる数と割る数を半分にした「3÷1」も商は3です。

たしかに！ でも、余りがあったら？

余りは元の大きさに戻さないと計算が合いません。
たとえば、「30÷20＝1 あまり10」ですが、先ほどのように30と20を10で割ってみましょう。「3÷2＝1　あまりは1」。イメージしてみてください。「30 このアメを20人で分けたらひとり1こで、余りは1こ」。なんか、変ですよね？

余りは10 このはずです。

そうなんです。**余りは元通りの大きさに戻してください。**
でも、「いくつ入るか」という商にかんしては変わりません。この知識はこのあとすぐ使うので、覚えておいてください。

▷ 割り算の「かんたんに」暗算できるケース

計算する数が大きくなってくると素直に筆算をしたり、電卓を使ったほうがいいですけど、筆算をしなくても暗算で解ける問題って結構あるんです。筆算の説明に入る前にそれらを解説しましょう。

〈ケース①〉　たとえば「100÷2」
「÷2」って、「2つに分ける」と考えても「2というカタマリがいくつあるか」と考えても、結局は「半分」のことですよね。
100の半分だから答えは50。筆算するまでもありません。

〈ケース②〉 たとえば「120 ÷ 4」

「120 の中に 4 がいくつあるか」と考えると計算が大変そう。ですけど、**120 を「12 × 10」に分解してみるとかんたんになります。** 12 を 4 で割って、その商の 3 を 10 倍すれば答えをだせます。

お金にたとえれば、「120 ÷ 4」は「120 円を 4 人で分けたらひとりいくらか？」ですよね。その 120 円を「10 円玉 12 枚」だと想像すれば、「12（枚）÷ 4（人）＝ 3（枚）」で、ひとり 3 枚の 10 円玉をゲットできるということ。
つまり、ひとり 30 円ということになりますね。

ここでのポイントは、「割られる数」の下のケタに 0 が続いていたら、その部分をいったん忘れて、暗算できるかどうかチェックすることです。
たとえば「4500 ÷ 9」なら、「00」をいったん無視して「45 ÷ 9」で商が 5。5 に「00」を足して答えは 500 です。

〈ケース③〉 たとえば「2000 ÷ 500」

このようなケースでは、先ほどいった**割り算の性質を使ってシンプルな形に変えることができます。** 今回の場合だと、2000 と 500 を 500 で割って「4 ÷ 1」にしてもいいし、100 で割って「20 ÷ 5」の形にしてもかまいません。

これ、お金で考えてもいいんですよね。

もちろんです。2000 を 20 枚の 100 円玉、500 を 5 枚の 100 円玉に置き換えて考えたら、「20 枚の中に 5 枚のカタマリはいくつあるか」ですから、4 ですよね。

割り算の「頑張れば」暗算できるケース

他にも暗算できる場面って、けっこうあるんです。
たとえば「92枚のトレカを4人で同じ数だけ分けるならひとり何枚?」みたいな場面をイメージしてみましょう。

……イメージしたら、スマホの電卓アプリを起動している自分がいました。

(笑)。やり方さえわかればできるようになりますよ。
計算式は「92 ÷ 4 = □」 これを次のように暗算してみてください。

① 「9 ÷ 4」を計算
② 商を10倍にして声にだす
③ 余りを10倍にして次の位と足す
④ ③を4で割る

わかりました。
(「9 ÷ 4 = 2 あまり1」で) にじゅう……
(余り1だから12になって「12 ÷ 4 = 3」) さん。

23。正解です!

でも、上の位から計算していいんですか?

92を「10枚の束9つ」と「バラの状態2枚」に分けて考えて、先に束だけを4人で分ける作戦です。
「9（束）÷4（人）」ですから、商は2（束）、余りは1（束）。

余っているのは束が1つと、バラが2枚なのでトータル12枚です。
それを4人で分けるなら「12（枚）÷4（人）＝3（枚）」。
先ほどの2束（20枚）を足せば、ひとりあたり23枚になることがわかります。

この作戦はぜひ覚えておいてください。このあと説明する割り算の筆算は、これと同じ考え方で計算をしていきます。

「ひとり10枚ずつもらう」というスペシャルイベントを何回できるか考えることからスタートしてもいいですね。4人が10枚ずつですから、40枚という単位でゴソッとなくなっていくと。

1回だと40枚、2回だと「40×2」で80枚、3回だと「40×3」で120枚。カードは92枚しかないので、「ひとり10枚ずつもらう」というイベントは2回が上限だとわかりました。ひとりあたり20枚はもらえるということです。

あとは**余りをどう分けるか**。
余りの数は92枚から80枚を引けばいいですね。すると12枚。それを4人で割ればひとりあたり3枚。先ほどの20枚と足して、23枚です。

ほかに92を4分割するわけですから、92を半分にして、さらにそれを半分にすると考えることもできます。

たとえば折り紙を4等分して短冊をつくるときは、まず半分に折って、さらにそれを半分に折れば、正確に4等分できますよね。そんな感じ。

ネックとなるのは「92÷2」が暗算できるかどうですけど、92を90と2に分けて、それぞれの半分を求めてから足してもいいし（45と1。足して46）、80と12みたいに半分にしやすい数字の組み合わせに分けてもいいですね（40と6。足して46）。

46をさらに半分にするときも40と6に分けて考えて、それぞれの半分は20と3だから答えは23。

⇨ 割り算の筆算、基本ルール

いよいよ割り算の筆算のやり方を覚えましょう。足し算、引き算、掛け算に比べると複雑な形なので、丁寧に説明しようと思います。

余りがでるときの説明もしたいので「98÷5」にしましょう。

ステップ①準備
いままで習った筆算と比べて、割り算は準備段階でまるっきり書き方が違います。
割られる数をまず書きます。それを割り算の筆算専用の記号で囲み、その左に割る数を書きます。**割り算は割られる数と割る数の順序を入れ替えられません。**

大事なことを先に伝えておくと、「98のなかに5がいくつあるか」の答え、**「商」**の最終組み立て工場が上。そして下の部分は

中間組み立て工場として使い、一番下に「余り」がでます。

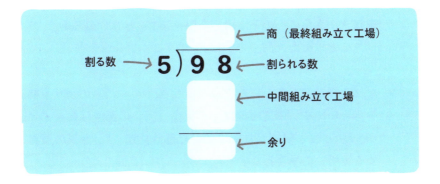

ステップ②割られる数の一番大きな位から割り算する

次に、いきなり98を5で割らないで大きな位から少しずつ割り算をしていきます。つまり、「9÷5」。

 あ、さきほど「束」で説明されていた考え方ですね。

 そうなんです！ 十の位の9とは10の束9つ分のこと。これを5で割ってみるんです。

「割り切れるかどうか（余りが0か）」ではなく「割れるかどうか」のチェックです。最低でも5が1こ入れば「割れる」ので、「9が5以上かどうか」を確認すればいいんです。

9の中に5は1つ入りますから、商は1です。この1を、一番上の最終組み立て工場の十の位に書き込みます。
もし、一番大きな位で割れない場合はその位に0とは書かずに、その位とひとつ小さい位をひとまとめにして、割り算をします。

ステップ③余りを計算する

次が少しややこしいんですが、**9 の真下に「5 × 1」の暗算結果を書き、さらにその下に横線を引きます。** 5 は「割る数」で、1 は先ほど求めた「商」ですね。

なぜこの数字をここに書くかというと、「9 ÷ 5」の余りを計算するためです。中間組み立て工場に「−」の記号は書きませんが、「9 と 5 と横線がたてに並んだ部分」が、「引き算の筆算をする場所」に早変わりするんです。

引き算の結果の 4 は、横線の下に書きます。

```
                        1
「9÷5」の商 ──→
                    5 ) 9  8
     「5×1」 ──→        5
「9÷5」の余り（「9−5」）──→  4
```

ステップ④余りを合体させる

4 を書き込んだら、その右どなりにまだ計算をしていない 8 をストンと落として余りを合体させます。

```
              1
          5 ) 9  8
              5  ⋮
              4  8
```

ステップ⑤余りを割る

中間組み立て工場で、48という数字ができあがりました。次にやることは「48÷5」の暗算。商だけでいいんです。

慣れないうちはここが間違えやすいんです。どうしても98が目立つので、「あ、一の位の8はまだ割っていないから、次は『8÷5』をすればいいんだな」と勘違いしやすい。でも、十の位の余りも一緒に処理しないと正しい計算にならないので、注目すべきは48なんです。

> 「48÷5」を解けばいいので、頭の中で「48÷5」の商は？
> 「5×□ = 48」だよな。掛ける8くらいかな？
> 「5×8 = 40」　もっといけそうだな。
> 「5×9 = 45」　もうひとついってみよう。
> 「5×10 = 50」　あ、48を超えちゃった。

このように試していけば、48を超えない一番大きな数（商）は9だとわかります。この9は最終組み立て工場の一の位に書きます。

これで「98÷5」の商は19だとわかりました。

ステップ⑥余りを計算する

これ以降はステップ③と同じで、いま求めた商の一の位の9と、割る数の5を掛け算した45を、48の真下に、位をそろえて書きます。

そしてここでも引き算の筆算だと思って、「48 − 45」をする。すると3。これ以上の計算はないので、3が最終的な余りとなります。

```
      1 9   ←「98÷5」の商
  5 ) 9 8
      5
      ─────
      4 8
「9×5」→ 4 5
      ─────
「48−45」→ 3   ←「98÷5」の余り
```

「98 ÷ 5 ＝ 19 あまり 3」が答えです。

割り算の計算結果をチェックする「検算」

割り算を学ぶときは、割り算の計算結果が正しいか自分でチェックするための「検算」というテクニックを教わります。文字通り、「検査のための計算」です。

ここが ポイント！〈割り算の検算〉

A ÷ B ＝ C あまり D
という計算結果になったときに
（B × C）＋ D ＝ □　を計算して、□ ＝ A を確認

わかるような、わからないような。

さきほどの問題で確認しましょう。
「98 ÷ 5 = 19 あまり 3」の検算は、このようになります。

$$(5 \times 19) + 3$$

これを計算して、98 になっていれば大丈夫ということです。

あ、98 になりました。

では、検算成功！ 答えも合っています。これで割り算はだいたい OK です。

「割る0」には近づくな

終わってみると、割り算も大したことないですね。
……でも、モヤモヤしたものがあるんです。「÷ 0」をめぐる論争ってありませんでしたっけ？

0 で割ったらダメです。
ただ、数学の世界では 0 を割るのは OK です。
割られる数が 0 のとき、商は必ず 0 です。「0 ÷ 1」も「0 ÷ 2」も「0 ÷ 3」も、商は 0。余りもありません。
たとえばチョコレート 0 こを 3 人で分けるとしても、1 人当たりは 0 ですよね。だってないものは分けられないわけですから。

ふんふん。

問題なのが割る数が 0 のときです。「3 という大きさの容器に、0 という大きさのカタマリがいくつ入りますか」という意味に解釈できますけど、この場合の商は「0」ではありません。

数学的にはこういう計算をそもそもしてはいけないんです。**あえていうなら「やっちゃダメ」「近づいちゃダメ」が正解。**

 ダメといわれたら理由を知りたくなります（笑）。

 ですよね。その説明をできるだけわかりやすくしましょう。
たとえば「3 ÷ 3」は 1、「3 ÷ 1」は 3 ですね。
このように**「割る数」が小さくなると、「商」が大きくなっていきます。**

次に割る数がさらにめちゃくちゃ小さくなっていくことを考えてみましょう。
たとえば、割る数を 1 の半分の大きさだと思ってください。
先ほどの「3 ÷ 1 ＝ 3」の割る数が半分の大きさになるので商は 6 になります。
さらに半分にしたら商は 12。
さらに半分にしたら商は 24。
さらに半分にしたら商は 48……。
このように**「割る数」を小さくすればするほど、商が大きくなっていきます。**

ということは、**割る数が 0 に近づくほど、商はめちゃくちゃ大きな数字になっていくんです。**
天文学的な数字を超えるドでかい数。そして最終的に割る数が 0 になると……。

どうなるんですか？

無限に入ります。「無限大」という、もはや数ですらない、人間が勝手につくりだしたものが登場してしまうんです。 無限は、こいつがまた厄介な存在で、大学で学んでいる人ですら容易には扱えないんです。

「子どもは無限の可能性」とか、日常会話では使うのに？

数学者は怖くてめったに使いません。
無限大を正しく扱うための難易度の超高い専門の勉強をしないと**無限大は扱ったらダメ。「３÷０＝□」は「やっちゃダメ！」「近づいちゃダメ！」「答えちゃダメ！」が正解なんです。**

「無限大」と書いてもダメ？

ダメです。なぜなら小中高で扱うような数学では、「無限大とはなんぞや？」の定義ができないので、答えにならないんです。「教わっていません」を意味する「解なし」でもいいかもしれないけど、数学者からすれば計算すらしちゃダメなんです。

う～ん。数学者も恐れる無限大が、意外と身近な割り算にあったなんて。

そんな割り算の性質も理解したら、もう割り算マスターです。

LESSON 5 ミックス計算も、すらすら解ける！

2日目 5時間目

日常の困りごとや世の中の課題を解くために存在するのが算数や数学。当然、四則演算が入り乱れる複雑な式（ミックス計算）もでてきます。でもルールさえ覚えてしまえば心配は無用です。

➡ ＋−×÷が混ざった式は解法順序しだい！

ようやく四則演算が終わりましたね。昔、戦った強敵を思い出して、バッサバッサ倒してきた思いです。

ひと息ついているところですが、**実はひとつの式にそれら強敵が集まっている場合もあるんです。**

……いまなら倒せそうな気がする！

その意気です！　その相手とは**四則混合計算**といいます。ひとつの式にいろいろな四則演算が混じっています。私は**「ミックス計算」**と呼んでいます。

こういう式のことですね。

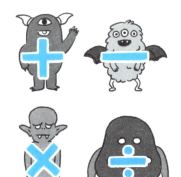

148

$$(2+1) \times 3 - 4 \div 2 + 1 = \Box$$

うーん。あきらめます（笑）。

いやいや（笑）。ミックス計算を解くときに重要なのは、「**どの計算を優先的にするか**」。それ以外ありません。

順序を守って、ひとつひとつ四則演算を計算していくだけ。ではどんな順序なのか発表します。

> **ここが ポイント！**〈ミックス計算の解法順序〉
>
> **第1位**　かっこの中
> **第2位**　×と÷
> **第3位**　左から

これだけですか？

はい。これだけ。
第1位から説明します。

〈第1位　かっこのなか〉
これは足し算の説明のときにいいましたね。フレーズは覚えていますか？

かっこはとにかく最優先！　中にいるやつ、偉いやつ！

このフレーズをバズらせましょう。このルールはミックス計算でもそのまま当てはまります。かっこの中にかっこがあれば、中のかっこを先に計算します。
先ほどの式では（2＋1）を最初に計算します。

$$(2+1) \times 3 - 4 \div 2 + 1 = \Box$$
$$\downarrow$$
$$3 \quad \times 3 - 4 \div 2 + 1 = \Box$$

参考までに、中学で習う累乗（るいじょう）(2^3 など）はかっこと同率1位です。

〈第2位　×と÷〉
掛け算（×）と割り算（÷）は同率の2位です。
足し算（＋）や引き算（－）よりも先に計算しなさいという意味です。なお、同率ですから掛け算と割り算でどちらが偉い、ということはありません。

じゃあ足し算と引き算の優先度も同じですか？

同じです。
もちろん、第1位はかっこの中なので、今回のようにかっこの中で足し算があれば、それを先に計算しないといけませんが、かっこの中もミックス計算になっていれば、優先すべきは×と÷です。

$$
\begin{aligned}
& (2+1) \times 3 - 4 \div 2 + 1 \\
=&\ \underline{3 \times 3} - \underline{4 \div 2} + 1 \\
&\quad\ \downarrow \qquad\ \downarrow \\
=&\ \ \ 9\ \ -\ \ \ 2\ \ +1
\end{aligned}
$$

〈第3位　左から〉

式は基本的に左から計算するという原則があります。たとえば掛け算と割り算が混じっていたら、左から計算する。足し算と引き算が混じっていたら、左から計算する、と。

$$
\begin{aligned}
& (2+1) \times 3 - 4 \div 2 + 1 \\
=&\ 3 \times 3 - 4 \div 2 + 1 \\
=&\ \underline{9 - 2} + 1 \\
&\quad\ \downarrow \\
=&\ \ \ 7\ \ +1 \\
=&\ 8
\end{aligned}
$$

見えないかっこがあるイメージですね。

ただし、すでに説明したように「足し算だけの式」と「掛け算だけの式」では、交換法則が成り立つので左から順番に計算する必要はありません。

ミックス計算を解くときのコツはずばり、暗算しようとしないこと。 私が説明で書いたように、各優先順位

ごとに計算をして、その結果を反映させた式を改めて書いていくと、間違いが減らせます。

⇨ かっこいい、「かっこ」の外し方

さて、ミックス計算の優先順位を頭に叩き込んでいただいたところで、少しだけやわらか頭が必要になる「分配法則」と「逆算」について説明します。まずは「分配法則」から。

分配法則ってなんでしたっけ？

先ほどのミックス計算で「(2＋1)×3」という箇所がありましたね。たとえば「砂場で2人、滑り台で1人の子どもが遊んでいます。全員にアメを3こずつあげるなら、アメは何こ必要か？」みたいな場面を想像してください。

この問題、2通りの式の立て方があります。

子どもの数を先に足してから、アメの数を計算する方法
$$(2+1) \times 3$$

砂場の2人と滑り台の1人にあげるアメの数をそれぞれ計算してから足す方法
$$2 \times 3 + 1 \times 3$$

 たしかにそうですね。

 これ、どちらも数学的に正しく、答えも同じです。そのため、等号で結べます。

$$(2+1) \times 3 = 2 \times 3 + 1 \times 3$$

ちょっとかっこよく、数字をアルファベットに置き換えると、このようになります。これが**「分配法則」**です。

ここが ポイント！〈分配法則〉

$(A+B) \times C = A \times C + B \times C$

 あぁぁ！ 中学の数学で何度もやりましたね。
でも、あれ？ ミックス計算の順番では、かっこ最優先では？

 ミックス計算を解くときは順位にそったほうが間違いないです。いまやっているのは、「かっこのある式」から「かっこを外

した式に書き換えた」だけです。

そういうことですか。

イメージとしては、**かっこでくくられたグループを解散するときに、2と1にそれぞれ「×3」というお土産を渡している感じ。**

もともとはまとめて「×3」を渡す予定だったのに、急遽、解散することになって「みんな忘れずに持っていって！」と渡すイメージですね。

じゃあ、かっこを外すときに使う？

いや、逆もあります。
「2×3＋1×3」という式があったときに、「なんだ、2にも1にも「×3」してるじゃん。それなら2と1で新グループが結成できるな」と考えて「(2＋1) ×3」という式に変形してもいいんです。こちらのほうは「かっこでくくる」と表現します。
ちなみに、中学ではいまの作業を「因数分解」といいます。

▶ ネコでイメージする「逆算」

さて、もうひとつ覚えておきたいのが**「逆算」**です。
「3＋□＝8」のように、式の途中の□を求める計算方法のことを、逆算といいます。
この考え方はあとあと習う分数などにもかかわるので、しっか

り理解しておきましょう。

もしかして、式（方程式）の一部を右辺や左辺に引っ越しさせる方法のことですか？

あ、「移項」のことですか。移項は中学で教えます。でもおっしゃるように小学校では逆算を使って、実質的に移項のしかたを教えているようなものです。

逆算は四則演算で6パターンあります。そのしかたと、そのイメージを一挙にお伝えします。さあ、ネコさんの登場です。

> **ここが ポイント！**〈①足し算の逆算〉
>
> A＋□＝B　または　□＋A＝B
> ↓
> □＝B－A

例題：ネコが3匹いて、目を離した瞬間、5匹になっていた。何匹増えたか。

➡式：3＋□＝5

解説：□を求めるには、最終的に必要な5匹から、最初にいた3匹の「差」がわかればOK。

➡式：5－3＝□

答え：2匹増えた。

> **ここがポイント！**〈②引き算の逆算　その1〉
>
> A －□＝ B
> 　　↓
> □＝ A － B

　　例題：キャットフードがもともと5こあったが、ネコが何こか
　　　　　食べてしまった。残ったキャットフードは2こ。ネコは
　　　　　いくつ食べたのか？
➡式：5 －□＝ 2
　　解説：知りたいのはネコが何こ食べたかですから、元々あった
　　　　　5こから残った2この「差」を求めればいいですね。
➡式：5 － 2 ＝□
　　答え：3こ食べた。

> **ここがポイント！**〈③引き算の逆算　その2〉
>
> □－ A ＝ B
> 　　↓
> □＝ A ＋ B

　　例題：ネコが公園から2匹出てきた。公園にはまだ3匹ネコが
　　　　　いる。もともと何匹いた？
➡式：□－ 2 ＝ 3
　　解説：もともといたネコの数を計算したいなら、公園から出て
　　　　　いったネコの数と、今いるネコの数を足せばOK。
➡式：2 ＋ 3 ＝□
　　答え：5匹いた。

ここが ポイント！〈④掛け算の逆算〉

A×□＝B　または　□×A＝B
　　　　　↓
　　　□＝B÷A

例題：3こ入りのキャットフードを何パック買えば、15匹分になるか？
➡式：3×□＝15
解説：何パックかを計算するには、「15の中に3という大きさのカタマリがいくつ入るか」を考えればOK。
➡式：15÷3＝□
答え：5パック。

ここが ポイント！〈⑤割り算の逆算　その1〉

A÷□＝B
　↓
□＝A÷B

例題：ネコ10匹を均等にグループに分けたら、1グループに5匹になった。何グループできたか？
➡式：10÷□＝5
解説：グループの数を知りたいので「10の中に5という大きさのカタマリがいくつ入るか」を考えればOK。
➡式：10÷5＝□
答え：2グループ。

> **ここがポイント！ ⑥割り算の逆算　その2**
> □ ÷ A = B
> 　↓
> □ = A × B

例題：もともとネコが何匹かいて、2つのチームに分けたら1チームが4匹になった。もともと何匹いたか？

➡式：□ ÷ 2 = 4

解説：チームが2つでそれぞれ4匹なら、それを掛ければ元にいた数が求められます。

➡式：2 × 4 = □

答え：8匹。

（プシュー）。
なかなかの頭の運動になった気がします。
でも迷ったときは具体的な場面を想定して考えればなんとかなりそうですね。

そうなんです。意味さえ理解できれば暗記しなくても解ける、ということはぜひわかってほしいですね。

▷ ミックス計算の逆算で総仕上げ！

次は最後のしめです。実はミックス計算も逆算できるんです。

え？　私は習っていません。

たぶん教わっています（笑）。先ほど覚えた**ミックス計算の優先順位とは「真逆の順番」で計算すれば OK です。** こんな式があるとします。

$$(4 × □ -1) × 3 - 2 = 19$$

 やばい。まったくわからない……。

 パッと見たら難しそうかもしれませんが、先ほどいったようにミックス計算の優先順位を式に書き込むことで解けます。

 え。じゃあとりあえず書きます。

$$(\underset{1}{4 × □} \underset{2}{-1}) \underset{3}{× 3} \underset{4}{-2} = 19$$

 ここからは、優先度の下位から順番に逆算をしていきます。まずは優先度4位の引き算ですね。

 これを逆算？　ど、どうやって？

 左辺の「－2」以外のごちゃごちゃした式が□だと思えばいいんです。たとえば「－2＝19」と考えれば逆算できますよね？　値がわからない箇

所をかくすイメージです。

なるほど！　これならいけます。「③引き算の逆算　その2」ですね。だから「☐ = 21」。

そうです！　次は優先度3位の「×3」だけ残して、他をまたかくしましょう。

うーんと、「④掛け算の逆算」ですね。「☐ = 7」。

そうです。だいぶ式がかんたんになってきました。同じ要領で、いっきに解いてしまいましょう。
これまでの流れも含めて全部書きますね。

$$(4 \times \square - 1) \times 3 \underset{4}{-2} = 19 \leftarrow \boxed{} - 2 = 19$$
$$(4 \times \square - 1) \underset{3}{\times 3} = 21 \leftarrow \boxed{} \times 3 = 21$$
$$4 \times \square \underset{2}{-1} = 7 \leftarrow \boxed{} - 1 = 7$$
$$\underset{1}{4 \times \square} = 8$$
$$\square = 2$$

こうやってわからない☐の正体を暴くことができました。

パズルを解いているみたいですね。

どこに☐があろうとミックス計算の優先順位の低いほうから逆算することが基本です。

そして逆算をするときは、それ以外の計算部分、つまり優先順

位の高い部分は、ひとカタマリとして考える。そのひとカタマリの中に□がなければ、先に計算してもいいです。

たとえば、「4 × □ − 2 + 9 ÷ 3 = 21」の場合は、「9 ÷ 3」の部分を先に計算するわけです。
つまり、こうなります。

$$4 \times \square - 2 + \underline{9 \div 3} = 21$$
$$4 \times \square - 2 + 3 = 21$$
$$4 \times \square + 1 = 21$$
$$4 \times \square = 20$$
$$\square = 5$$

なるほど、計算できる部分は先に計算したわけですね。

以上で、整数の四則演算をざっとカバーしました。今回教えた範囲で苦手なところがあれば、次に進む前に理解を深めておいてくださいね。

3日目

【代数】これで克服！小数、分数を真に理解する

Nishinari LABO

LESSON 1 時間目

1より細かい世界！小数をらくらくマスター

3日目

体重計や温度計など、日常生活でよく見かける小数。小学生にとって「1より細かい数字」という少し不思議な数字でもあります。ここで小数の扱い方をマスターしてしまいましょう。

➡ もし、小数がなかったら……

今日は話のレベルがグッと上がるんですよ。低学年～中学年レベルから、中学年～高学年レベルに上がるイメージです。でも難しいところは時間をかけて説明するので安心してください。最初に紹介するのは**小数**という数の一種です。

小数って体温計とか体重計でよく見るから娘もなんとなくわかっているはずですけど、「**小数ってなに？**」とか「**なんで小数があるの？**」といわれたら説明が難しいですよね。

そうそう。そのあたりの話からまずやりたいと思います。小数って中国生まれで、ヨーロッパに伝わったのはわずか500年くらい前の話。ではなぜ小数が近代数学で普及したかというと、単純に便利だったからです。

たとえば100m走の世界記録はウサイン・ボルト選手の9.58秒です。でも、もし小数が存在していなかったら世界記録は9秒か10秒かみたいな扱いになって、面白みが減ります。

みんな約10秒っていわれると残念ですね。

そんな、1刻みでは情報がざっくりしすぎるとき、小数を使います。これまで基本的に0、1、2、3……という1刻みの数字を扱ってきました。こういう1刻みの数字のことを数学の世界で整数とか自然数と呼びます（整数はマイナスの数と0を含み、自然数はプラスの数だけ）。

それに対して小数は、整数の1を細かく分割したものです。たとえば1を10分割したときの1つ分は0.1です。この0と1の間にある「.」を小数点といいます。

> 1を100分割したときの4つ分は、0.04
> 1を1000分割したときの7つ分は、0.007

算数の世界で小数を読み上げるときは、「れい・てん・いち・れい・さん（0.103）」みたいに小数点以下の数字を読み上げるだけ。
また、小数の位は、左から順に「小数第1位」「小数第2位」「小数第3位」と、非常にわかりやすい呼び方をします。

```
0.   0      0      1
     ↑      ↑      ↑
   小数第1位 小数第2位 小数第3位
     割     分      厘
```

3日目【代数】これで克服！小数、分数を真に理解する

165

「一、十、百、千、万」みたいな名前はついていないんですか？

ありますよ。野球の打率でよく聞く、「割、分、厘」がまさにそれ。ちなみに小数第21位は、「清浄」です（笑）。**「割」「分」「厘」くらいは覚えておいたほうがいいですけど、それ以降の位の名前を暗記する必要はありません。**もちろん小数点21位より小さい数があっても構いません。

小数第21位って……。そんなに細かくする必要ってあるんですか？

それは状況次第ですね。どれだけ細かく分割するかは、情報にどれだけの精度を求めるかで変わってきます。

たとえば、料理で「しょうゆ10.45182mLくらい入れといて」っていわれても困りますね。0.00001mLの差なんて誰もわからないし、計れないし、入れられない。

だから**小数を使うときは「必要最低限の細かさでとどめる」のが基本**。で、そのときによく使うのが、切り捨てや切り上げや四捨五入なんです。

⇨ ひと癖ある小数をミスなく足し算、引き算

 小数も四則演算ができます。やることは整数の四則演算と大きく変わりません。**とにかくケタをそろえること。**かんたんな計算なら暗算でもどんどん解けます。

$$0.4 + 1.7 = 2.1$$
$$1.11 + 0.111 = 1.221$$
$$20 + 0.05 = 20.05$$
$$8.1 - 0.25 = 7.85$$

 これって……小さな位から暗算したほうがいいんですか？

 小数の場合、2日目に説明した「大きな位から解く」テクニックを使ったほうが混乱しにくいかもしれませんね。自分に合った方法を見つけてください。

筆算は単純明快で、**小数点の位置をそろえれば位がそろいますね**。位の数の違いで、数の入らない位もでてきますが、そこには0があるものと考えてください。別に0と書き込んでも間違いではありません。

いざ計算をはじめたら小数点がどこにあるかを意識する必要はありません。最終組み立て工場で小数点を正しい位置に書き込むことがポイントです。

```
   230.05
+    7.213
　　　　　
   237.263
```

⇨ ひと癖ある小数をミスなく掛け算

小数の掛け算も、暗算や筆算をしていくときは小数点がないものとして計算して大丈夫です。**最後に小数点をしかるべきところに打って調整をします。**

しかるべきところ？

はい。その調整のしかたが少しユニークで、最初にやることは掛け算する2つの数に**「小数点以下の数字が合計何こあるか、かぞえる」**こと。

たとえば、「1.2 × 0.003」なら、1こと3こで合計4こ。掛け算の積は小数第4位まである数字になります。

小数点がないものと思って計算した積は「12 × 3」なので36。この36の一番右の位から「1、2、3、4」とかぞえて、その左側に小数点を打ちます。つまり「0.0036」になるわけです。

なんでそうなるんですかね？

実際にやっていることはこういうことなんです。

$$1.2 \times 0.003 = 12 \times 0.1 \times 3 \times 0.001$$
$$= \underline{12 \times 3} \times \underline{0.1 \times 0.001}$$
$$= 36 \times 0.0001$$
$$= 0.0036$$

このように整数と小数を分けて計算しているんです。

今の説明で引っかかる人がいるとすれば、「0.1 × 0.001 = 0.0001」の部分かもしれません。**「なんで小さくなるの？」**って。

いままで学んだ整数の掛け算では、掛け算をすると数が大きくなるという印象を持たれていたはずです。「2倍する」「3倍する」みたいなときでも、数が大きくなりますね。
でも、**1より小さい値を掛けたら元の数より小さくなる**ということを、ぜひ頭に叩き込んでほしいんです。

たとえば10の1つ分は10で、10の2つ分は20ですよね。これはみんなわかります。では**「10の0.5分ってなんですか」**というと、「10の半分」という意味だから5ですよね。「10 × 0.5 = 5」なんです。

```
1 × 1 = 1           1の1つ分は1
1 × 0.1 = 0.1       1の0.1分（10分割したもの）
                    は0.1
0.1 × 0.1 = 0.01    0.1の0.1分（10分割したも
                    の）は0.01
```

⇨ 小数の割り算　〜割られる数が小数の場合〜

小数の割り算に進みましょうか。まずは、計算のしかたをお伝えしますね。そのあとに、なんでそうなるのかをお話しします。

計算は基本的には小数点がないものとして行って、そのあと、小数点を打てばOK。

たとえば「5.9 ÷ 8」を解きましょう。

割る数（8）は整数で、割られる数（5.9）が小数ですね。

割る数が整数のときは、いったん小数がないものと考えて普通に筆算をします。

```
      7
  8)5.9
    5 6
      3
```

ここで最後の調整として、**割られる数（5.9）の小数点を真上（商）と真下（余り）にスライドさせます。**

```
    0.7
 ┌─────
8)5.9
   5 6
   ───
   0.3
```

答えは、0.7 あまり 0.3 です。
この解き方はあくまでも割る数（8）が整数のときに使う方法です。割る数が小数のときは次のように方法が変わります。

⇨ 小数の割り算　〜割る数が小数の場合〜

次に「59 ÷ 0.8」を考えてみます。
割る数が小数のときは、割る数が整数になるように小数点をずらすという調整をします。今回は**右に１つずらす、つまり 0.8 を 10 倍する**と整数の 8 になりますね。

ここで割り算の性質を思い出しましょう。**割られる数と割る数を同じ数で掛けたり、割ったりしても商は変わりません。**そこで割る数に対して行った調整を割られる数にもします。つまり、59 の**小数点の位置を右にひとつずらす（10 倍する）**。すると 590 になります。

この状態をつくったら、いったん小数点は忘れて普通に割り算の筆算をしてください。

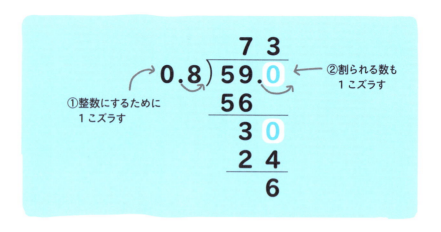

最後は小数点の調整。商（73）に関しては、「調整済みの小数点」を真上にスライドさせます。

ややこしいのが余りの処理です。こちらは**「調整前の小数点」を真下にスライドさせます。すると0.6です。**
よって答えは「73 あまり 0.6」です。

なんで割る数を整数にするんですか？

一言でいえば、**計算しやすいから**。別に整数にしなくても解けるんですけど、**割る数が整数のときだけ**、「**割られる数の小数点を真上にスライドさせる**」という作戦が使えるんです。

⇨ 小数の割り算　〜意味を理解〜

小数の割り算の解き方はわかりましたか？　解き方も大事ですが、ちゃんと意味も理解してほしいなと思います。

まず「5.9 ÷ 8」について。こちらは「5.9 の中に 8 がいくつ入る？」と聞いているわけですよね。
でも **8 は 5.9 より大きいので、1 つも入りません。**

うん。入りません。

けど、8 の 0.7 分「8 × 0.7」である 5.6 は入るんですね。「5.9 − 5.6」をして余りが 0.3 なんですね。

なんだろう、このしっくりこない感じ……。あれ？　小数が 1 より小さい数を扱えるなら、0.3 の中にも 8 が入るのでは？

よくぞ気づいてくれました！
中学数学以降はがっつり計算させられますけど、小学生相手では少し優しくて、問題文に「小数第何位まで求めましょう」みたいなことが書いてあるんです。

「それ以上は計算せんでええよ」 という温情ですか。

そういうこと（笑）。
もうひとつの「59 ÷ 0.8」についても考えましょう。
「59 ÷ 0.8」の割る数が整数になるように、「590 ÷ 8」に変換しました。計算しやすいように、割る数と割られる数をそれぞれ10倍したんですね。

でも、**現実に解きたい課題が10倍されることはありません。**
たとえば、「59㎝のマスキングテープがあったとします。それを0.8㎝ずつに分けると答えは73枚。あまりは6㎝」。これっておかしいですよね？

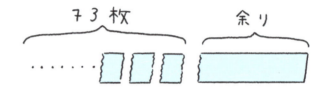

0.8㎝で分けているのに6㎝余りって、まだ割り算できますね。

そう。本来のあまりは0.6cmなんですよ。
小数は日常生活でもよく使うので、計算は電卓を使ってもいいですけど、その扱いには慣れておきたいところです。

⇨「2.0」か「2」か、小数の答え方問題

そういえばネットで「1.2 ＋ 0.8 ＝ □」みたいな問題で、**答えに「2.0」と書いたらバツにされた**という話を読んだことがあるんですけど、これって「2」に書き直すべきなんですか？

もし問題文に**「小数点以下を省略できるなら省略しなさい」などと書いてあったらバツ**です。けれども、本来その必要はまったくないです。むしろ**「2」に書き直すほうが数学的センスがない**と感じます。

といいますと？

だって「1.2 ＋ 0.8」を計算している時点で「小数第1位までの精度を求めるなにか」を計算しているわけじゃないですか。重さか長さか体積かわからないけれども。

もしこの 2.0 をさらにいろんな計算に使うなら、2.0 でも 2 でも結果は同じなので 2 に書き換えていいですけど、計算結果が 2.0 だったら、2.0 と書いたほうが圧倒的に親切だと思います。

「2」と書かれると、「もしかして小数点以下は切り捨てられているんじゃない？ 本当は 2.3 くらいあるんじゃない？」って不安になるんです。「2.0」って書いてあれば、「**少なくとも小数第1位まではピッタリ 2** なんだ」とわかりますよね。

たしかにレストランのレビューが 2.0 だったときに、「これは 2 と書くべきだ！」とクレームする人なんていませんね。

でしょう。**「.0」だから意味がないのではなく、「.0」は精度を表す立派な情報**です。

LESSON 2 もっと早く知りたかった！分数をスパッとマスター

3日目 2時間目

分数で子どもがつまずくのは当たり前。大人でも苦手な人はめずらしくありません。そんな算数の難敵である分数をマスターするためには、「分数とはなにか」をしっかり理解する必要がありそうです。

⇨ 分数はイメージ

次に扱うのは分数です。算数嫌いを量産している、なかなかの難敵です。

たしかに分数って文系人間からするとつかみどころがない感じで、私もいまだに苦手意識がありますね。

分数は実際に抽象的な記号なんです。だから分数を扱うときに大事なのは、**分数を日本語であったり、ビジュアル的なイメージに変換してみること。**ドリルをこなして分数の計算ができるようになったところで、意味を理解していないとどこかでつまずく可能性が高い。

イメージが大事なんですね。

はい。たとえばホットケーキが「まん丸1枚」と「半分1つ」と「6つに分けたうちの1切れ」あるとしましょう。**ホットケーキは全部で何枚分あるでしょうか？**

 子どもなら「いっぱい！」っていいそう（笑）。

 たしかに（笑）。
まん丸は1枚とかぞえてよさそうですが、もう1枚は半分、一番小さいのは6つに分けられたうちの1つ分。これを数字で明確に表したいですね。
そこで分数の登場です。

 なるほど。

 1枚を2つに分けたものの1つ分。
これを $\frac{1}{2}$（にぶんのいち）と表します。
1枚を6つに分けたものの1つ分。
これを $\frac{1}{6}$（ろくぶんのいち）と表します。

つまり、ここにホットケーキが、1枚と、$\frac{1}{2}$ 枚と、$\frac{1}{6}$ 枚があるというわけです。

➡「分数は割り算」ってどういうこと!?

 このように整数の1刻みの世界よりも細かい単位で数を扱うときに便利なのが分数です。こういうやつですね。

$$\text{分子} \longrightarrow \frac{1}{4} \quad \text{(よんぶんのいち)}$$

$$\text{分母} \longrightarrow \frac{5}{3} \quad \text{(さんぶんのご)}$$

$$\frac{9999}{10000} \text{(いちまんぶんのきゅうせんきゅうひゃくきゅうじゅうきゅう)}$$

真ん中に横線があって、上と下に数字を書きます。**分数の上の数字を「分子」、下の数字を「分母」といいます。**

上が子どもで、下がお母ちゃん。

そのイメージでかまいませんけど、子ども（分子）のほうが大きい分数もあるので注意してください。

そうでした。

「分子」「分母」という言葉は中国の数学から入ってきたときの名残で、当時の中国の数学では分子が分母よりも大きい分数は扱わなかったそうです。
だから下が「母」でも納得感はあったんですけど、今は「子」が大きい場合があるので、正直、現代数学の分数にはあまり適した表現とはいえないんです。

へぇ〜。そんな歴史があったんだ。

さてさて、分数のもっとも重要なことをいいますね。そもそも分数ってなんだという話です。

結論をいうと、分数は割り算です。

は？　どういうことですか？

割り算を違う形で表したのが分数なんです。

じゃあ……、分数って割り算の書き方をコンパクトにしたみたいなもの？

そういうこと。分子は「割られる数」で、分母は「割る数」と表現することもできます。

$$1 \div 4 = \frac{1}{4} \quad \begin{matrix} \leftarrow \text{割られる数} \\ \leftarrow \text{割る数} \end{matrix}$$

$$5 \div 3 = \frac{5}{3}$$

$$9999 \div 10000 = \frac{9999}{10000}$$

割り算で「0で割っちゃダメ」という話をしましたけど、まったく同じ理由で、$\frac{3}{0}$ みたいに**分母が0になる分数は扱ってはダメ、計算しちゃダメ、近寄ってもダメ**です。

➡「分数は数ですらない」って!!??

分数は割り算をコンパクトに表現した記号にすぎませんから、**分数って数ですらないんです。**

いやいや、分「数」っていうじゃないですか。

分数は計算途中を表したものなので、実際に割り算をしないと実際の値がわかりません。たとえば $\frac{1}{2}$ は「1÷2」と同じこと。「1÷2」を計算すると 0.5 です。
0.5 は数ですが、$\frac{1}{2}$ はまだ数ではありません。

数じゃないなら……、なんでわざわざ分数を使うんですかね。

複雑な式を計算するときに分数を使ったほうが便利なことが多いからです。昔の人たちのおかげで、**分数のまま四則演算して、分数のまま答えをだすことができるようになりました。**

答えが分数なのはいいんですか？ せめて小数などの数に直したほうがいいのでは？

たしかにそこは「最後まで計算しろよ」って感じるかもしれませんけど、数学的には答えが分数の状態で OK。

たとえば設計図に $\frac{1}{2}$ m と書いてあっても問題ありません。でも、それを実際に大工さんが見て角材を切るときは「0.5m だな」と計算して作業するわけです。

180

そのような感じで、**算数の答えとしては $\frac{1}{2}$ のままでもいいけれど、現実世界にそれを反映させるときは 0.5 という数にして使う。**そういう数学界の決まりがあります。

なるほど。

あと、割り算って割り切れない場合がありますよね。
たとえば「りんご1こを3人で分けたらひとり何こ分か」というときに、「1÷3」を電卓で計算すると 0.3333……と永遠と「3」が続きます。これを「循環小数」といいますけどね。
このように表現したりします。

$$3 \div 11 = 0.272727\cdots\cdots \rightarrow 0.\dot{2}\dot{7}$$
$$11 \div 3 = 3.6666\cdots\cdots \rightarrow 3.\dot{6}$$

一応スッキリ書けますが、このままで計算するのはどうも難しそう。でも分数を使えばたとえば、「$\frac{3}{11} \times \frac{1}{3}$」って計算できるんです。便利でしょ？

じゃあ割り算のときにやった「商がいくつで、余りがいくつ」みたいな話は……。

そこも分数にすれば「余り」は一切意識せず、かちゃかちゃ計算できるんです。

余りをだすのにあんなに苦労したのに……。分数って便利ですね。

⇨「割り算の性質」は「分数の性質」に通じる！

 分数は割り算と一緒ですから、割り算の性質がそのままあてはまります。

割る数と割られる数を同じ分だけ掛け算しても商は同じでしたね。たとえば、「4÷2」と「8÷4」の商はどちらも同じ2。

同じように、分子と分母に同じ数を掛けたり、同じ数で割ったりしても、分数の大きさは変わりません。
つまり、$\frac{4}{2}$ と $\frac{8}{4}$ の大きさは同じなんです。

ちょっと難しくしましょう。$\frac{3}{4}$ と $\frac{3}{4}$ の分子と分母に2を掛けた $\frac{6}{8}$ では、分数の大きさは同じです。

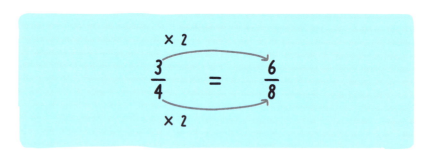

 「**分数の大きさ**」ってなんですか？

 分数が割り算だと考えれば、**割り算の商のこと。**
「割られる数（分子）の中に割る数（分母）がいくつあるか」です。それを変えずに形だけ変えられるのです。

たとえば、ホールケーキが1つあったとしましょう。

$\frac{3}{4}$ ということはホールケーキを4等分したうちの3こですね。

はい。

では、$\frac{6}{8}$ はどれくらいかというと、ホールケーキを8等分したうちの6切れ。$\frac{3}{4}$ と $\frac{6}{8}$ で大きさは変わらないですよね。

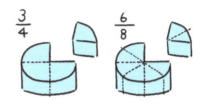

細かくなった感じがありますけど（笑）。大きさは同じですね。

分数の計算をするときは、この**「意味を変えずに形だけ変える」**ということをひんぱんに行います。この性質は覚えておいてください。

⇨ 役立つ強力な武器「最小公倍数＆最大公約数」

次に進む前に、ここで郷さんに強力な武器を授けます。分数の「意味を変えずに形を変える」を攻略するときにも使います。

なんでしょう？

それが**「最小公倍数」**と**「最大公約数」**というもの。これをサボると、あとあと分数の「約分」や計算がさっぱりわかりません。

ああ、これよくこんがらがるんですよね。

183

そうなんです。整理しながら理解していきましょう。
まずは、倍数から。

> 3 に整数を掛け算したものを「3 の倍数」という。
> 3 の倍数は「3、6、9、12、15……」など。
> 3 億も 3 の倍数（3 × 1 億）。
>
> 4 の倍数も同じように「4、8、12、16、20……」。

九九の 3 の段、4 の段はそれぞれ 3 の倍数、4 の倍数って感じですね。

その通りです。3 の倍数と 4 の倍数をならべると、共通の数があります。なにかわかりますか？

12 とか、24 とか、36 です。

はい。**12、24、36 のように 3 と 4 で共通する倍数のことを「3 と 4 の公倍数」**と呼びます。
公倍数の中でもっとも小さいものを「最小公倍数」といいます。
では、3 と 4 の最小公倍数はいくつでしょうか？

12 です。

OK です。

最小公倍数って一つひとつかぞえ上げて確かめるしかないですか？「3×4」をすれば求められるのかな、と思ったんですけど。

お、鋭い！ たしかに**2つの数を掛けてしまえば公倍数になりますよね。でも、必ずしもそれが「最小」とは限りません。**
では、問題。13と39の最小公倍数は？

13の倍数は、13、26、39……。あっ、13と39の最小公倍数は39ですか。

そうです。最小公倍数をかんたんに見つける方法は中学までお預けです。小学校ではひたすら倍数を書きだして見つける泥臭い方法を教わります。でもそこまで難しくないので、どうしても知りたい人は「最小公倍数の求め方」で調べるといいですよ。素因数分解というものを使います。

わかりました。

さて、一方の「最大公約数」は、文字だけみれば「共通する約数の最大のもの」になります。では、「**約数**」とはなにかというと「**ある数を割り切ることができるすべての整数のこと**」です。

ちょっと何をいってるのかわかりません。

定義だとよくわかりませんよね（笑）。**12を余りなく割り切れることができるすべての整数のことを12の約数といいます。**

185

> 12の約数は1、2、3、4、6、12。
> 24の約数は1、2、3、4、6、8、12、24。

1とその数自体も約数なんですね。それ以外はどうやってわかるんですか？

「□×○＝12になる整数の□や○はなに？」といっているのと同じ。求め方は「2はどうだろう。3はどうか。4は？」と順番に「割り切れるかなぁ」と検証していくのが基本です。

地道ですね。

そうですね。
で、**12と24の共通の約数を「公約数」といいます。その中で一番大きなものを「最大公約数」といいます。**
12と24の公約数と最大公約数はなんでしょうか？

公約数は、1、2、3、4、6、12ですね！
だから最大公約数は12です。

正解です。

「最大、最小」と「公倍数、公約数」の組み合わせで混乱するんですよね。「最大公倍数」「最小公約数」なんて具合に。

意味を考えればわかりますよね。**最大公倍数は果てしないですし、最小公約数はすべて1になってしまいます（笑）。** 慣れるまでいくつか問題を解くといいですよ。

あとは、直感力を鍛える訓練としては、たとえば、数字を見て何を思うかというのも大切かもしれません。

え？　数字は数字ですよ？

たとえば、12 を見て「これは 3 と 4 を掛けた数だな」とか、「10 ＋ 2 でできているよな」、あるいは「たしか、12 の倍数は 24、36、48 だ」などといった感じです。

すると、たとえば 11 の約数は「1 と 11 しかないな。13 もそうだ」なんて思ったりもするわけです。1 とその数でしか割れない数のことを **「素数」** といいますが、そんな数に対しても、とっつきやすくなるわけです。

算数の直感はどれだけ数と遊んだかが、大事かもしれません。

➡ 約分して分数をスリムに

さあ、「最小公倍数」「最大公約数」という武器を授けたところで、話を分数に戻しましょう。
分数の性質で、分子と分母を同じ数で割っても分数の大きさは変わらないといいました。そして、もうひとつ分数を扱うときの基本的な考え方をお伝えします。

お願いします。

分母をできるだけスリムにしよう！

分子と分母の公約数があったら、両方ともその数で割ると小さくできます。もちろん、1以外でね。
たとえば、$\frac{4}{12}$。
4と12の約数、そして公約数をそれぞれだしてみてください。

4の約数が「1、2、4」。
12の約数が「1、2、3、4、6、12」。
公約数は「1、2、4」ですね。

はい。では分子と分母を最大公約数で割りましょう。
最大公約数は4ですね。すると、分子の4は1に、分母の12は3になるので、$\frac{4}{12}$は$\frac{1}{3}$になります。これ以上スリムにならないくらいスリムになりました。

おお。

このように分子と分母の最大公約数を使って、分母をできるだけ小さい整数にする作業のことを「約分」といいます。

約分って毎回、最大公約数を見つけないといけないんですか？

最大公約数がすぐ見つからない場合はとりあえずみつかった公約数で割るといいですよ。

たとえば分子と分母が偶数の大きな数だったら、2が公約数であることは自動的にわかるので、「とりあえず2で割っておくか」みたいな感じで割る。そこからさらに公約数がないか考える、みたいな流れです。私もよくやります。

なるほど。

188

さて、これで分数とはなにかをマスターしました。
次はいよいよ分数の計算に進みましょう!

(ゴクリ)

> **教えなくていい帯分数**
>
> 分子が分母より小さい分数を真分数といい、分子と分母が同じか、分子が分母より大きい分数を仮分数という。仮分数は、「整数と真分数の和」として表記することもできる。このときの整数は割り算の商、真分数は余りを意味し、横並びに書く。こうした分数は帯分数と呼ばれる。たとえば、$\frac{7}{3}$を帯分数では$2\frac{1}{3}$と表す。
>
> ただ、帯分数を数に変換するときに無駄な計算が増える上に、数学の世界では横並びに書くと掛け算と勘違いする恐れがあるため、中学以降の数学では帯分数は使わない。こうした理由から帯分数は教える必要はないというのが西成先生の見解。

LESSON 3 もう怖くない！分数の計算をマスター

3日目 3時間目

分数の四則演算はひとくせあるものばかり。とくに間違えやすいのが分数の割り算です。この授業では、公式を丸暗記するだけではなく、なぜそのような計算式になるのかまでていねいに解説します。

⇨ 分数の足し算、引き算の単位をそろえる

分数の足し算、引き算をしていきますが、まずはキーワードをお伝えします。

分数で足し算、
引き算したけりゃ、
単位をそろえろ！

単位？

学校では、「分母をそろえる」なんていいますね。
それでもいいんですけれど、単位という考え方がしっくりきま

す。**目盛りをそろえるんです。**

ほう……。

ではイメージから入りましょう。ここに超名店のカステラがあります。全体を8つに分けたうちの5つが残っています。そのうち1つを私がいただきたいと思います。残りはいくつでしょう？

えっ？ もちろん、4つですね。

正解です。かんたんと思われたかと思いますが、式に表すとこうなります。

$$\frac{5}{8} - \frac{1}{8} = \frac{4}{8}$$

カステラは同じ大きさで切り分けてあったので、もともと分母の目盛りが合っていたんです。つまり、「単位が合っている」わけですね。**だから分数同士の引き算は分子を引いてそのまま計算できます。**

う〜ん、まだ単位の考え方が……。

だんだんわかってきますよ。
ところで、カステラが $\frac{4}{8}$ になりましたが、約分できますね。
最大公約数の4で分母と分子を割ると $\frac{1}{2}$ になります。
この $\frac{1}{2}$ とはどんなことを表していますか？

カステラ全体のうちの半分。

そう。次に、$\frac{1}{2}$ のカステラのうち、郷さんに $\frac{1}{3}$ 差し上げます。
式にすると「$\frac{1}{2} - \frac{1}{3}$」になります。残りはいくつでしょうか。

計算できません。

そう。これ、単位がそろっていないから計算できないんです。そこで分母の最小公倍数を使って単位をそろえましょう。2と3の最小公倍数はいくつでしょうか？

6。

そうです。$\frac{1}{2}$ の分母を6にするには、分母、分子に3を掛ける。$\frac{1}{3}$ の分母を6にするには、分母、分子に2を掛ける。すると、「$\frac{3}{6} - \frac{2}{6}$」になります。これで単位がそろったので、引き算ができるようになります。

$$\frac{1}{2} - \frac{1}{3} = \frac{3}{6} - \frac{2}{6}$$
$$= \frac{1}{6}$$

このように**分母をそろえる（単位をそろえる）**ことを**「通分する」**といいます。

なるほど！ 目盛りをそろえるってそういうことですか。なんとなくわかってきました。

別の問題をやってみましょう。$\frac{1}{3}$ Lと$\frac{1}{5}$ Lのジュースを足したら何Lになるでしょうか？

小数に変換して計算したい。

もちろん$\frac{1}{3}$と$\frac{1}{5}$をそれぞれ数（0.3333…と0.2）に計算し直してから足せば答えにたどり着けるかもしれませんが、ちょっとややこしい。**分数のまま計算し、分数のまま答えをだすことができるのが分数の強みです。**

$\frac{1}{3}$と$\frac{1}{5}$は、それぞれ「3つに分けたもの」と「5つに分けたもの」で単位が違います。この単位をそろえるときに使うのが、先ほどやった**「最小公倍数」、あるいは「公倍数を見つける」**という作業です。やってみてください。

 わかりました。

> 3 の倍数
> 3、6、9、12、15、18、21、24、27、30…
>
> 5 の倍数
> 5、10、15、20、25、30、35、40、45、50…

公倍数は 15、30、45……。その中で一番小さな公倍数は 15。$\frac{1}{3}$ と $\frac{1}{5}$ をそれぞれ分母が 15 の形に変換すれば、単位がそろうので足し算や引き算ができるようになるというわけですね。

 ばっちりです。では $\frac{1}{3}$ の分母を 15 にするにはどうすればいいか。分母の 3 を 15 にするには 5 を掛けるわけですから、分子にも 5 を掛ければいいんですね。それで $\frac{5}{15}$。

同じように $\frac{1}{5}$ では、分母の 5 を 15 にするには 3 を掛ければいいので、分子の 1 にも 3 を掛ければ分数の大きさ自体は変わりません。$\frac{3}{15}$ になりますね。分母がそろったらあとは分子を足し算するだけです。計算してみましょう。

$$\frac{1}{3} + \frac{1}{5} = \frac{5}{15} + \frac{3}{15}$$
$$= \frac{8}{15}$$

分母をそろえるときは最小公倍数じゃないといけないんですか？

公倍数ならなんでもいいですよ。 最小公倍数を見つけるのが面倒なら、先ほど郷さんが指摘されたように分母の数字同士を掛け算して公倍数を見つける方法でもかまいません。
最終的な答えを約分する必要があるなら、約分する手間がひとつ増えるだけの話ですから。

そっか。

いまの考え方を応用すると、「$3 + \frac{1}{2}$」のような整数と分数の足し算や引き算もかんたんにできます。

方法はかんたんで、整数の「3」を「$\frac{3}{1}$」という分数の形で考えて、分母をそろえるだけ。

分数 $\frac{1}{2}$ はそのままで OK で、$\frac{3}{1}$ の分母の 1 を 2 に変えればいいんです。分母に 2 を掛けますから、分子にも 2 を掛ける。すると $\frac{6}{2}$。最後に分子どうしで「6 + 1」をして $\frac{7}{2}$ が答えです。
引き算も同じように整数を分数に変換すれば計算できます。

$$3 + \frac{1}{2} = \frac{6}{2} + \frac{1}{2}$$
$$= \frac{7}{2}$$

⇨「分母をそろえる」=「目盛りをそろえる」

理屈はわかった気がするんですけど、単位という言葉がずっと引っかかっていて。

なるほど。それなら定規の目盛りみたいなものをイメージしてみるといいかもしれません。
たとえば長さを測るときに、単位がcmの定規で測った長さと、単位がインチの定規で測った長さって、単純に足したり、引いたりできませんよね。1インチは2.54cmのことなので、cmをインチに変換するか、インチをcmに変換するかして、単位をそろえてはじめて足したり、引いたりできる。
同じように分数も、**分母は定規の目盛りみたいなもの。分数の大きさを表現するときの単位なんです。分子はその値。**

ふむふむ。

「$\frac{1}{3} + \frac{1}{5}$」を考えてみましょう。定規で考えると、$\frac{1}{3}$ 刻みの目盛りと $\frac{1}{5}$ 刻みの目盛りがあるようなものです。目盛りの間隔が違うので、計測結果である分子同士を整数で足したり、引いたりできません。

そこで 15 という公倍数をみつけて、$\frac{1}{15}$ 刻みの新しい目盛りをつくったんです。なぜ公倍数である必要があるかというと、$\frac{1}{3}$ と $\frac{1}{5}$ の分子が

目盛りにぴったり合う状態をつくりたいから。目盛りにぴったり合えば、整数同士ですから、かんたんに計算できますよね。

分母を大きくするほど、目盛りは細かくなるんです。分母・分子を「5倍した」というとなにか大きくしたと勘違いしやすいんですが、実は目盛りを細かくしているんですね。

あぁ、「単位」の意味が、ちょっとつかめてきました。

あと100回くらい使う予定です（笑）。

⇨ 分数の掛け算を意味から深く知る

次は分数の掛け算です。分数の掛け算の中でも整数と分数の掛け算は一番かんたんです。
たとえば「$3 \times \frac{2}{5}$」なら、$\frac{2}{5}$ の分子に整数の3を掛けるだけ。

$$3 \times \frac{2}{5} = \frac{3 \times 2}{5}$$
$$= \frac{6}{5}$$

お、たしかにかんたんですね。

ビジュアル的にイメージしてみましょう。
3人が1人1枚ずつ、それぞれ好きなピザ1枚を取り、残り $\frac{2}{5}$ まで食べたところで集めます。全体でどのくらいになったでしょう?

汚い(笑)。

失礼(笑)。$\frac{2}{5}$ とは、「5等分したものの2こ分の大きさ」です。それを3人で持ちよった。ということは、分数の単位(分母)は5のままでいいんです。

だって「5等分したもの」がいくつあるかを計算したいわけですから、単位を変える必要はありません。分子の2を、単純に3倍するだけです。「5等分したもの2こ分が3セットある」という意味ですから。

なるほど。

分数同士の掛け算になってもかんたんだと思いますよ。やり方を先に説明すると、「分子と分子、分母と分母をそれぞれ掛け算する」だけ。分母をそろえる作業も不要。

$$\frac{2}{3} \times \frac{2}{5} = \frac{2 \times 2}{3 \times 5} = \frac{4}{15}$$

けっこうシンプル。

はい。でも大事なことはなぜこのような計算をするのか、その理由を理解することです。
そこでまずはかんたんな式「$4 \times \frac{1}{2}$」から考えていきます。

先ほどやった「整数×分数」の形なので、「$\frac{1}{2}$ が4つある」と考えてもいいですが、今回はあえて「$\times \frac{1}{2}$」にもっとフォーカスしてみます。

「×2（2倍せよ）」とか「×10（10倍せよ）」みたいな掛け算は散々やりましたけど、「$\times \frac{1}{2}$（$\frac{1}{2}$ 倍せよ）」ってどういう意味なんだという話です。

実は「$\times \frac{1}{2}$」って「2等分せよ」という意味なんです。「2分割せよ」「2つに分けろ」「半分にしろ」でもいいです。とにかく、「分母の数だけ分けろ」という命令なんですね。

ということは「÷2」と同じ？

まったく同じ。だから「$4 \times \frac{1}{2}$」を「4を2つに分けろ」と解釈すれば、答えは2だとすぐにわかるんです。

大事なことなのでもう一度いいます。**「分数で掛けろ」といわれたら「とりあえず分母に書いてある数で割れ」といっているのと同じです。**
では、いったん分子が1の分数のかけ算「$\frac{1}{3} \times \frac{1}{5}$」で考えます。

急に複雑に見える……。

分数同士の掛け算では、これの意味を理解できるかがミソです。冷静に考えると「$\times \frac{1}{5}$」ですから「5等分せよ」という意味ですね。
しかし、今回は分けるもととなる数が$\frac{1}{3}$です。ここでみんなパニックになるんですね。

私のことです。

そういうときこそビジュアル化。正方形を使うとわかりやすいです。$\frac{1}{3}$って、正方形を3等分したものの1つ分ですね。今回はそうやってすでに分けられたものを「さらに5等分せよ」といっているわけです。

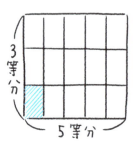

ちっちゃい!!

ですよね。もとの形を何等分したのかパッと見ではわからなくなりました。
だとすれば、逆にこの小さな長方形が、正方形の中に何こ入るか計算すればいいんです。

横に何こ並べられるかというと、5等分したわけですから5こです。そして、横に並んだ5こが、たてに何列入るかというと……。

3等分したので、3列。

そう。つまり「5 × 3 = 15」。小さな長方形は「正方形を15等分したものの1つ」。つまり、$\frac{1}{15}$という大きさであることがわか

りました。

だから分母同士を掛けるのか！

そうなんです。でも先ほどの「$\frac{2}{3} \times \frac{2}{5}$」の問題では、分子が1ではありませんでした。

あ、そうそう。そうなるとまたよくわからなくなるんです。

そういうときは$\frac{2}{3}$をいったん「$2 \times \frac{1}{3}$」に分けて考えましょう。

「分けていいの？」と思うかもしれませんけど、
$\frac{2}{3}$は「$\frac{1}{3}$の2こ分」と考えることもできますよね。
だったら「$2 \times \frac{1}{3}$」と書いてもいいじゃないですか。
$\frac{2}{5}$も同じように「$2 \times \frac{1}{5}$」。

ここで交換法則を思い出しましょう。
掛け算だけの式なので、どの順番で計算してもいいですよね。
「$\frac{1}{3} \times \frac{1}{5}$」は$\frac{1}{15}$。それと整数の「$2 \times 2$」を掛ければいいだけ。
だから答えは$\frac{4}{15}$だと。

おお。なんかすっきりしました。

これが「**分子と分子、分母と分母を掛け算しなさい**」の理由です。

$$\frac{2}{3} \times \frac{2}{5} = 2 \times \frac{1}{3} \times 2 \times \frac{1}{5}$$
$$= 2 \times 2 \times \frac{1}{3} \times \frac{1}{5}$$
$$= 4 \times \frac{1}{15}$$
$$= \frac{4}{15}$$

四則演算や小数のときもうすうす感じていましたけど、「分けて計算する」という作業が、いい仕事しますね(笑)。

でしょう。迷ったら分ける。これが算数や数学を得意になるコツです。

⇨ 分数の割り算を攻略！　〜分数で割る〜

最後は分数の割り算。四則演算の中では別格のラスボスです。分数の割り算の解き方はわかっていても、その意味をちゃんと理解している人って、大人でもそう多くないと思います。

仲間がいてよかった(笑)。

たとえば「$6 \div \frac{1}{2}$」を考えていきましょう。
ガムをイメージしてください。「ガム6枚の中にガム$\frac{1}{2}$枚分のカタマリがいくつあるか」。

ガム$\frac{1}{2}$枚分のカタマリ……。あ、ガムを半分にちぎるということですか！

はい。1枚を友だちと分けるとすぐに味がなくなるし、ちっちゃい風船しかつくれなくてイラっとするやつです（笑）。

ちょっと質問を変えましょうか。
「ガムが6枚あります。それぞれ半分にすると何枚になりますか？」。

え……。半分にするから2枚になる。それを6セットあるから、「6×2」で12枚ですか？

そうです。
質問を変えましたが、実はさっきと同じことを意味しています。
つまり「$6 \div \frac{1}{2} = 6 \times 2 = 12$」というわけです。

このように、1より小さい分数である数を割ると、割られる数よりも増えるんです。まずこのイメージをしっかり持ってほしい

と思います。

なるほど。

ここで分数の割り算の計算式を紹介しておくと、「$\div \frac{A}{B}$」とあったら、「$\times \frac{B}{A}$」に変換するだけ。

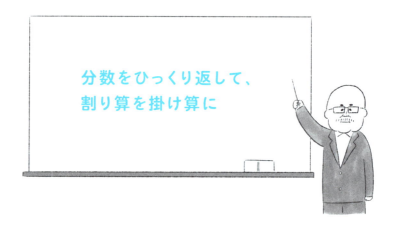

そういえばアメリカの学校だと「keep,change,flip（そのまま、変える、ひっくり返す）」というフレーズをひたすら覚えさせられるって聞いたことがあります。

詰め込み教育ですね（笑）。たしかにそうですね。**割られる数はそのままで、÷を×に変え、分数はひっくり返す。この手続きさえ覚えていれば分数の割り算は計算できます。**

1問、例題を解いてみますね。

$$\frac{1}{2} \div \frac{2}{5} = \frac{1}{2} \times \frac{5}{2}$$
$$= \frac{5}{4}$$

⇨ 分数の割り算を攻略！ 〜整数で割る〜

 分数を整数で割るときは？

 整数を分数に置き換えて、ひっくり返して掛け算をすれば OK です。

$$\frac{1}{2} \div 3 = \frac{1}{2} \div \frac{3}{1}$$
$$= \frac{1}{2} \times \frac{1}{3}$$
$$= \frac{1}{6}$$

3を分数にする

÷を掛け算にして、$\frac{3}{1}$ をひっくり返す

このような解き方もあるし、「2等分されたものをさらに3等分する」という式の意味からちゃんと考えていくと、実は先ほどやった分数と分数の掛け算の話にいきつきます。
つまり、2等分したものの1つを、さらに3等分したと。

 あ、そうか。「2×3」だから6等分ですね。

正解です。

分数の割り算を攻略！ ～計算を真に理解～

 計算式はいま教えた通りですけど、大事なことは「なぜ？」ですね。仮に計算式を忘れても、自力で計算式を導きだせるように説明をします。

まず、割り算は分数に変換できますよね。割る数が整数だろうと分数だろうとその原則は変わりません。だったら思い切って分数の形にしてみましょう。

 だいたんな発想！

「$A \div B = \dfrac{A}{B}$」ですから、「$\dfrac{1}{2} \div \dfrac{2}{5}$」を分数にするとこのような分数になります。

$$\dfrac{1}{2} \div \dfrac{2}{5} = \dfrac{\dfrac{1}{2}}{\dfrac{2}{5}}$$

 分数の中に分数はあり？

206

全然ありです。こういう分数を**連分数**といいます。
真ん中の横線を長めに書くとちょっと数学者っぽくなります。ちなみにこの状態で答案用紙に答えを書いても数学的には正解ですが、先生によっては怒るかもしれません（笑）。

分母の $\frac{2}{5}$ をすっきりした形にしたいと思います。
ここで、6年生で習う武器を伝授します。**「逆数」**というものです。**「A × □ = 1」の□にあたる数のことを、A の逆数と呼びます。**
A が整数の場合、A の逆数は $\frac{1}{A}$ です。なぜかわかりますか？

えっと……□を逆算すると、□ = 1 ÷ A だから。

あるいはもっと単純に「A に $\frac{1}{A}$ を掛けたら、約分で A と A が消えて 1 しか残らないから」と考えてもかまいません。

そして A が分数 $\frac{x}{y}$ の場合、A の逆数は $\frac{y}{x}$ です。分数をひっくり返したものですね。こちらも、$\frac{x}{y}$ に $\frac{y}{x}$ を掛けたら **x** と **y** が両方とも約分で消えて、1 しか残らないからです。

$$3 \times \frac{1}{3} = 1 \quad (3 \text{ の逆数は} \frac{1}{3})$$
$$\frac{1}{2} \times \frac{2}{1} = 1 \quad (\frac{1}{2} \text{ の逆数は} \frac{2}{1}\text{、または } 2)$$
$$\frac{x}{y} \times \frac{y}{x} = 1 \quad (\frac{x}{y} \text{ の逆数は} \frac{y}{x})$$

では、改めて分母の $\frac{2}{5}$ をよく見ます。この連分数を一番すっき

りさせる方法は、分母を1にすること。分母を1にすれば分子しか残りませんからね。では $\frac{2}{5}$ を1にするにはどうすればいいのか。

あ、ここで逆数を掛けるのか！

そう。$\frac{2}{5}$ の逆数は $\frac{5}{2}$ です。しかし、分母だけ掛け算すると意味が変わるので、分子にも同じように $\frac{5}{2}$ を掛け算します。すると分母は1になり、「$\frac{1}{2} \times \frac{5}{2}$」という分子だけが残ります。

$$\frac{\frac{1}{2} \times \frac{5}{2}}{\frac{2}{5} \times \frac{5}{2}} = \frac{\frac{1}{2} \times \frac{5}{2}}{1} = \frac{1}{2} \times \frac{5}{2}$$

分母に掛けた $\frac{5}{2}$ と同じものを掛ける

$\frac{2}{5}$ の逆数 $\frac{5}{2}$ を掛ける

分母がスッキリ！ 分子だけ残る

だから逆数を掛けるんですね！ ちょっと感動。

ほかにもいろんな説明のしかたがありますけど、たぶんこれが一番納得感があると思うんです。

「分母をすっきりさせるために逆数を掛けた」で説明できますからね。これを娘に説明する日が待ち遠しい（笑）。

「逆数」とか「分数の性質」とか、教科書では断片的に知識を学んでいくことになるので、「これってなんの役に立つの？」と思

う場面が多いと思います。でも、**そういう知識って、ロールプレイングゲームでいうアイテムや武器みたいなもので、分数の割り算のようなラスボスと戦うときに使うことになるんです。**

🡪 小数を分数に変換する方法

さて、4日目の割合の話に進む前に、「割り算」「分数」そして「小数」の関係を整理しておきましょう。

分数とは割り算のコンパクトバージョンのようなもので、性質は同じです。分数は数ではありません。**分数を数に変換するとき、整数で割り切れるものだったら数は整数に、整数で割り切れないものだったら小数になります。**
逆に小数を分数に変換することもできるんです。

割り算の状態に戻すみたいなことですか？

そうです。たとえばこのような感じです。

$$0.1 = \frac{1}{10}$$

$$0.125 = \frac{1}{8}$$

$$1.2 = \frac{6}{5}$$

$$3.5 = \frac{7}{2}$$

よくみるものはなんとなく脳内変換できますけど、3.5 が $\frac{7}{2}$ になるってどうやったんですか？

かんたんな法則がありますよ。もともと小数は目盛りを細かくした数でしたね。0.2 なら 1 を 10 分割した目盛りの 2。0.125 なら 1 を 1000 分割した目盛りの 125 である、と。

だから、**小数第 1 位までの小数なら $\frac{\bigcirc}{10}$ の形に、第 2 位までの小数なら $\frac{\bigcirc}{100}$ の形に変換するだけ。**これが基本で、あとは約分できるものは約分しているだけです。

$$3.5 = \frac{35}{10} = \frac{7}{2}$$

だから 0.01 は $\frac{1}{100}$ みたいな変換もすぐにできるんですね。

そう。そこも大事です。0 が増えるとあせるかもしれませんが、**小数点以下の位が何こあるかをかぞえて、その数の分だけ 0 を書けば間違いを防げます。**

$$0.0001 = \frac{1}{10000}$$
$$0.54321 = \frac{54321}{100000}$$

でも、わざわざ小数を分数にする必要あります？

小数をいったん分数にしたらかんたんに計算できることがあるんですよ。たとえば「8 × 0.125」を計算するのは面倒ですけど、「$8 \times \frac{1}{8}$」なら一瞬で解けますよね。

たしかに！

よく使う変換のパターンを次ページで紹介しましょう。だいたいこれだけ覚えておくといいでしょう。日常生活でも役立ちます。

これでラスボス「割合」に進む準備ができました。

ここがポイント！〈計算力強化！　小数 ⇔ 分数〉

0.5の倍数なら $\dfrac{\bigcirc}{2}$　　　$0.5 = \dfrac{1}{2}$

　　　　　　　　　　　$1.5 = \dfrac{3}{2}$

0.25の倍数なら $\dfrac{\bigcirc}{4}$　　$0.25 = \dfrac{1}{4}$

　　　　　　　　　　　$0.75 = \dfrac{3}{4}$

　　　　　　　　　　　$1.25 = \dfrac{5}{4}$

0.2の倍数なら $\dfrac{\bigcirc}{5}$　　　$0.2 = \dfrac{1}{5}$

　　　　　　　　　　　$0.4 = \dfrac{2}{5}$

　　　　　　　　　　　$0.6 = \dfrac{3}{5}$

　　　　　　　　　　　$0.8 = \dfrac{4}{5}$

0.125の倍数なら $\dfrac{\bigcirc}{8}$　　$0.125 = \dfrac{1}{8}$

　　　　　　　　　　　$0.375 = \dfrac{3}{8}$

　　　　　　　　　　　$0.625 = \dfrac{5}{8}$

　　　　　　　　　　　$0.875 = \dfrac{7}{8}$

補講 1

壮大な歴史でわかる単位の世界

Nishinari LABO

補講 1　単位をなるほどマスター！

「1こ」「1円」「1秒」など、なにかを数えるときに必ずつきまとうのが「単位」です。この補講では、ふだんの生活でよく使う「長さ」「重さ」「容量」の単位について学びます。

⇨ 単位を使えないと何も測れない！

ここで補講です。分数で「単位」という言葉を使いましたが、そもそも単位ってなにか整理しておきましょう。

お願いします。

単位がわかるとさまざまなものを測定できるようになりますよね。 ものの「長さ」や「重さ」「容量」「時間」など。逆に単位を正しく扱わないと測定もできません。

たとえば、ここにお菓子が12こ入ったふくろがあります。郷さんに1こ差し上げます。

あ、どうも、って**袋ごと!?**

「お菓子1こじゃなくて、1袋」って想定外の単位で驚かれたと思います。だから単位は大事なんです。

あと、**単位の違うものは計算できません。**

たとえば、「1（kg）＋2（人）」といってもなんのことかよくわかりませんよね。算数や数学でサラッと授業しがちな単位ですが、しっかり学んでおきましょう。

はい。

今回は取り上げませんが、「音の大きさ」「明るさ」「温度」「電流」など、人間が測定できるものには必ず単位があります。今回は、単位の中でも私たちが日ごろからよく使う、**「長さ」「重さ」「容量（かさ）」**を説明します。

⇨ 長さの単位は「"これ"の何こ分？」

「図形」分野で重複するかもしれませんが、長さの単位からいきましょう。

「ものの長さを測りたい！」という思いって昔からずっとあったと思うんです。**昔の人が長さを測るときは、基本的になにか基準となる体の一部や物を使って「その何こ分か」という計測をしていました。**

それがものさしの代わりだったわけですね。

そういうこと。「これと同じ長さで、お前の小指くらいの太さの棒を100本集めてこい！」みたいな定規があったかもしれないですけど、**みんなが同じ長さを基準として測ったほうが便利ですよね。**

日本を含む東アジアでは、1万4000年くらい前までは統一のも

のさしを2種類使っていたそうです。ひとつは女性が指を広げたときの中指と親指くらいまでの長さ。もうひとつは、足を一歩前にだしたときの歩幅くらいだったそうです。

へぇ。

で、この指を広げたときの長さが実は日本の大工さんが使う1尺という長さの単位の起源で、歴史とともに1尺がだんだん長くなり、現代の約30㎝になったそうです。

明治時代以降に「メートル」という単位が日本に入ってくるまで、日本人は自分の身長を5尺4寸とか表現していました。1寸は1尺の$\frac{1}{10}$なので約3㎝。「一寸法師」を現代訳するなら「約3㎝のお坊さん」です。

ちっちゃかわいい（笑）。
そういえば小学校で使う定規って0が少し内側にあるじゃないですか。娘と工作をしていたときに借りたんですけど、ちょっと使いづらくないですか？

目的次第なんですよね。ものさしと定規って厳密には別物で、定規は直線を書いたり、カッターで切ったりする目的と、紙に書いてある直線の長さを測ったりする目的があるんです。こういうときは0が少し内側にあったほうが使いやすい。

でも、実際の物の長さを測るときは、郷さんがおっしゃるように端から計測できたほうが便利ですよね。だから裁縫で使う布製のメジャーとか、工事現場で使う金属製のメジャーは端っこ

に0があるんです。

ということは、メジャー＝ものさし？

はい。日本的にいえば「尺」と呼びます。メジャーは「巻き尺」ともいいますね。定規っぽいものさしも、金属製なら「直尺」、竹製なら「竹尺」といいますし。
ただ、最近の定規も進化していて、0スタートの目盛りと余白のある目盛りが2つある定規なんかもありますね。

へぇぇぇ。いいこと知りました。

⇨「1メートル」は地球を測って生まれた!?

私たちがふだん使う長さの単位はメートル（m）です。
英語だと「meter」なので「m」と書きます。ガスメーターのような測定器具も同じmeterですが、器具だと「メーター」、長さの単位だと「メートル」になるのが、日本語の難しさ。メートルという言葉はフランス生まれ。フランス語ではmètreです。

長さの単位としてはほかに、ミリメートル（mm）やセンチメートル（cm）、キロメートル（km）といった単位も使いますが、結局はメートルが基準です。「1メートルがこれくらいの長さだよ」と決まっているから、その何分の1か、あるいは何倍かで、mmもcmもkmも決まるんです。

長さの単位って、よくよく考えると不思議ですよね。私たちってものさしを買ってきて長さを測っていますけど、そのものさしをつくっている会社はなにを基準に 1m だとわかるんですか？

世界共通の定義があるんです。**現在の 1m の定義は「光が 1 秒の 299,792,458 分の 1 の間に真空中を進む距離」のこと。**

は？

覚えないでいいですからね（笑）。
元は別の定義だったんですよ。メートルという単位が生まれたのは 1791 年。メートルを考えて普及につとめたのは先ほどいったようにフランスで、その一部の学者たち。

元の定義は**「地球の赤道と北極点を結ぶ子午線の弧の長さの 1000 万分の 1」**だったんです。

子午線とは、北極点と南極点を通る地球の周囲の長さ。ようは赤道のたてバージョンですね。このうち、赤道から北極点までの長さなので、子午線の長さの $\frac{1}{4}$。それをさらに 1000 万分の 1 した長さが 1m ってことです。

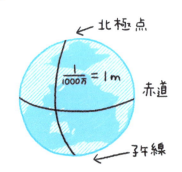

おぉ、そうだったんですね！ つまり、1m を 1000 万倍して、4 倍した長さは、子午線 1 周の長さということですか。つまり、**4 万km だと！**

そうなんです。現代では計測精度が上がったので子午線1周は約40009kmだとわかっています。

へぇーー‼ 「子午線の長さってキリのいい数字」じゃなくて、そもそも**「子午線の長さでメートルを定義した」**ということだったんですね。

そのとおり！

おもしろすぎる。まさか地球が基準だったとは。

「未来永劫、そして世界中のどこでも基準が変わらない単位をつくろう！」ということがメートルをつくる目的だったので、絶対に変わらないものが必要だったんです。
当時のフランスは測量技術が発達していたため、地球規模のスケールでもちゃんと計算できたんです。

その計算に基づいて「原器」と呼ばれる基準をつくったんです。
白金製のものさしのようなものです。さらにそのコピーである「副原器」というものを方々に配ったり、つくらせて普及させたわけです。

なるほど！

ただ実物のものさしではどうしても摩耗したり、曲がったり、熱で膨らんだり縮んだりしますよね。
その1mをより正確性の高い形で表したのが「光速」だったわけです。光速を基準にすることで、レーザー装置などを使って非常に高い精度で再現できるようになったんです。

 あたまいい!!

➡ mmも、cmも、kmもSI接頭語で一発!

 さきほどちょっとお話ししましたが、長さの単位を自在に変換できるようにしておきましょう。
教科書ではこのような習い方をしますね。

$$1(cm) = 10(mm)$$
$$1(m) = 100(cm)$$
$$1(km) = 1000(m)$$

 ときどき迷うときあるんですよね。「100倍だっけ?」「10倍だっけ?」って。

 そうですよね。もちろんこれを壁に貼って毎日見て覚えれば、テストでも日常生活でも困らないですけど。それよりも「SI接頭語」を覚えたほうが早いと思いますよ。

「SI」とは「国際単位系」のフランス語表記の略で、世界のすごい人たちが決めた単位の基準のこと。
「接頭語」とは言葉の前につく言葉のことです。
単位の前につく単位のようなものです。

SI 接頭語が便利なのは、長さも重さ（kg）も容量（L）も、同じ SI 接頭語を使うんです。一覧を載せておきますね。

算数でよく使うものは太字にしておきました。

SI 接頭語一覧

名称	記号	十進数表記
クエタ	Q	1 000 000 000 000 000 000 000 000 000 000
ロナ	R	1 000 000 000 000 000 000 000 000 000
ヨタ	Y	1 000 000 000 000 000 000 000 000
ゼタ	Z	1 000 000 000 000 000 000 000
エクサ	E	1 000 000 000 000 000 000
ペタ	P	1 000 000 000 000 000
テラ	T	1 000 000 000 000
ギガ	G	1 000 000 000
メガ	M	1 000 000
キロ	**k**	**1 000**
ヘクト	h	100
デカ	da	10
デシ	**d**	**0.1**
センチ	**c**	**0.01**
ミリ	**m**	**0.001**
マイクロ	µ	0.000 001
ナノ	n	0.000 000 001
ピコ	p	0.000 000 000 001
フェムト	f	0.000 000 000 000 001
アト	a	0.000 000 000 000 000 001
ゼプト	z	0.000 000 000 000 000 000 001
ヨクト	y	0.000 000 000 000 000 000 000 001
ロント	r	0.000 000 000 000 000 000 000 000 001
クエクト	q	0.000 000 000 000 000 000 000 000 000 001

補講 1　壮大な歴史でわかる単位の世界

221

こんなにあったんですね！「ギガ」とか、「マイクロ」とか聞いたことあるのもありますけど、「クエタ」「クエクト」ってどんな世界なんだ……。

現在制定されているもの全部載せましたが、豆知識的に楽しんでください。ほぼ使う予定ないですけどね（笑）。

SI接頭語の使い方を説明します。
長さの基準単位はmだとすると、**それに1000倍を意味するk（キロ）を前につけると「km（キロメートル）」という単位ができあがる。**
つまり、「1000（m）＝ 1（km）」というわけです。

同じく0.01倍を意味するc（センチ）をつければ「cm（センチメートル）」になるわけです。

なるほど。そういえば以前、娘に長さの単位を聞いたら「センチ」って答えたんですよ。

それは大人ならSI接頭語だけでも文脈で単位が理解できてしまうので、「メートル」という肝心の単位を言葉にしないからですよね。だからお子さんと長さの話をするときは、SI接頭語の話を織り交ぜつつ、**意識的に「センチメートル」と最後までいい切ったほうがいいかもしれません。**

🢂 重さの基準の発展がすごい！

次は重さです。厳密には質量ですけど、小学校の算数では「重さ」という言葉を使います。**重さの基準単位として使わ**

れているのは kg（キログラム）です。

あれ……？ g（グラム）の間違いでは？

なんと kg（キログラム）は例外なんです。ややこしいけど。もちろん、g（グラム）の 1000 倍が kg であることには変わりないです。mg も同様に SI 接頭語と扱いは変わりません。

$$1000(g) = 1(kg)$$
$$1000(mg) = 1(g)$$

重さの単位

私たちがふだん、体重計などに乗っては「重さ」だと認識しているものは、物体の「質量（kg）」に「重力」を掛けたもの。正式な単位は kgf（重量キログラム）。たとえば同じ質量でも月に行けば重力の関係で「重さ」は約 6 分の 1 になります。

あと、もうひとつ例外があります。
1000kg のことを 1Mg（メガグラム）ということはほとんどなく、通例で 1 t（トン）といいます。

確かにイレギュラー。

t（トン）は国際単位系には属していませんけど、使用が認められています。「メガトン級」という表現を聞いたことがあるかと思いますが、kt（キロトン）や Mt（メガトン）は核出力の単位

としても使われています。

$$1(t) = 1000(kg)$$

なんで kg（キログラム）が基準になったんですか？

歴史的に重さの基準として使われてきたからです。
のちほど「図形」の体積で詳しくお話ししますが、**1L は「10（cm）× 10（cm）× 10（cm）」のこと**。もともとはこの大きさの容器に水を入れた重さを 1kg としたんです。

あ、そうか！　重さも結局メートルにいきつくんですね。

そうなんです。ちなみに、**どんな液体でも「1（L）= 1（kg）」ではないですからね。**
油は水より軽いので 1L の油は 900g くらいにしかなりません。1L の真水が 1kg です。

水なので蒸発するし、気温によって重さも微妙に変わるので、1889 年に白金 90％、イリジウム 10％ で分銅（おもり）をつくり、**「これが唯一無二のオリジナル。これが 1kg の基準だ」**と決めたんです。

メートル原器の、キログラム版。

はい。原器のコピーを世界中でつくって、そのコピーも定期的にオリジナルとズレがないか比べるということを続けてきました。

超アナログ！

で、驚くべきことに、この原器を使ったキログラムの定義って、つい数年前まで続いていたんです。
「さすがに130年前につくった金属のカタマリを頼りにするのもどうなのか」ということで、**2019年からは、量子力学という超最先端の知識と技術を使った定義に変わっています。**

アナログからの飛躍がすごい！

ややこしい容量の単位を整理

容量の単位はL（リットル）を使います。

単位を書くときは大文字か小文字か決まっていることが多いですが、**L（リットル）の場合は大文字（L）でも小文字（l）でもかまいません。**
ただ、小文字の「l」は数字の「1」と見間違えるリスクがあるので手書きをするなら筆記体の「ℓ」を使うことが多いです。

日常生活を送るうえで重要なのは「1（L）= 1000（mL）」の変換ができるかどうかでしょう。たとえば500mLのペットボトルジュースを2本買ったときに、**「この2本で1Lの紙パックジュースと同じ量だね」**みたいな会話をしていれば、自然に覚えるかと思います。

$$1(L) = 1000(mL)$$

ちなみに L（リットル）は国際単位系には属していませんけど、国際単位系に属さない単位でもやはり SI 接頭語を使うことが多いんです。

 L（リットル）なんてよく使うのに国際単位系に属していないのは意外かも。

 容量の単位としては実は cc（cm³：立方センチメートル）が奨励されているんですよ。容量やかさといってもようは体積なので、あくまでも長さの m（メートル）が基準なんです。**1L は世界のどこへ行っても「10（cm）× 10（cm）× 10（cm）」の体積のこと。**

だから L（リットル）でもうひとつ覚えておきたいのは、m（メートル）表記との変換。**たとえば kL（キロリットル）という単位**は原油の容量などを示すときに使われますけど、**実は 1m³ という**キリのいい単位なんです。

```
1mL : 1 cm³  (= 1cc)  : 1 (cm) × 1 (cm) × 1 (cm)
1L  : 1000 cm³        : 10 (cm) × 10 (cm) 10 (cm)
1kL : 1m³             : 1 (m) × 1 (m) × 1 (m)
```

 ちょっと待ってください。**容量や体積は 1000 倍ずつ増えるけど、容器の辺の長さは……10 倍ずつ？**

はい。そこは混乱しやすいけど重要なポイントです。「立方体の体積＝1辺の長さ×1辺の長さ×1辺の長さ」ですから、**1辺の長さが10倍になったら「10 × 10 × 10」で体積は1000倍**になるんです。

あ、そういうことか。わかりました。

あと、いまちょっと算数の参考書をめくっていたら、例文に「**1L3dLの水がありました**」って書いてあるんですよ。

小数を教えていないからでしょうね。小数がわかれば「1L3dL」ではなく、「**1.3L**」ですね。こういうことは娘さんに教えてもいいと思いますよ。

そもそもdL（デシリットル）なんて単位を使ったことないんですけど。

0.1Lのこと。ヨーロッパのレストランではよく見かけましたけど、たしかに日本ではあまり見ませんね。でもこれも**d（デシ）が0.1倍を意味している**ことを覚えれば単位の変換は可能で、dLを個別に暗記する必要はまったくないんです。

$$1(kL) = 1000(L)$$
$$1(dL) = 0.1(L)$$

なるほど！　ありがとうございます。

これで単位はひとまず終わり。次は、いよいよ割合に進みましょう。

ちなみになんで単位を先にやったんですか？

割合を学ぶ前に**「その数字がなにを表しているか」**という感覚を覚えてほしかったんです。これまでは漠然と数をかぞえたり、計算してきたかもしれません。ですが、単位がわかると「この1が示しているのは、1kgのことで重さの話だな」「この1は、1mのことで長さだな」ってイメージつきますよね。

次の割合も**「その数字がなにを表しているか」**を意識してみてください。

わかりました。

4日目

【代数】アレルギーの元凶！割合と比を基礎から丁寧に

Nishinari LABO

言葉の整理だけで、割合は8割マスター

4日目 LESSON 1 時間目

小学校算数のラスボスであり、多くの文系人間を思考停止に陥らせる「割合」。割合が難しい理由はシンプルで、目に見えない世界を扱うからです。この機会に完璧にマスターしましょう。

⇨ 一生使えるスキル「割合と比」

今日は算数の代数のクライマックスともいえる「割合や比」。正真正銘のラスボスです。

でたー！ めちゃくちゃ苦手です。やはりしっかり学んだほうがいいですよね？

ふだんからよく使うだけに、大人こそ完璧にしておきたいところです。ビジネスでもよく使いますよね？

あぁ、原価率とか、前年比とか。

そう。それに割合とか、比とか、比率とか、ふだんからよく使う言葉だと思うんですね。
「オンラインゲームのサーバー、中国人の割合がやたらと多い」
「いまどきテレビ画面の比、4：3はないよな」

みたいなこともそうです。このように言葉としてはよく使うのに、割合や比って解き方がわからない難しさがあるんです。

めっちゃわかります。割合が絡んでくると電卓になにを打ち込んでいいのかわからないのが文系あるあるです。

今回は割合や比を扱うときに絶対に迷わない方法を伝授したいと思います。一生使えるスキルになるはずです。

割合とは何か

「割合と比」というテーマですが、実は比って割合の一種です。割合がわからないとおそらく比は理解できません。

同列かと思っていました（笑）。

そういう人、多いと思います。
では割合とは何か、言葉の意味がわからないときは国語辞典の出番です。なんて書いてあります？

調べてみますね……

[割合] 全体に対する部分の、または他の数量に対するある数量の比率。

ん……？　比率も調べてみます。

[比率] 二つ以上の数量を比べたときの割合。

まさかの無限ループ（笑）。

（笑）。でも、ひとつだけわかることがありますね。「割合」と「比率」は同じ意味だということです。

同じなんですか？

「割合」と「比率」はいい方を変えただけ。ただし、「比」と「比率」は別物です。 あとで説明しますが、比は「：」の記号を使って大きさの関係を表します。「4：5（4対5）」などと書きます。
私なりに割合を定義すると、こんな感じでしょうか。

> 数や量の大きさの違いを、
> 割り算を使って計算し、
> 「倍」「分数」「百分率」
> 「歩合」などで表したもの。
> 別名、比率。

割り算？

はい。「割合」っていうくらいですからね。「大きさの違い」は引き算でも表現できますよね。たとえば小遣いを兄が毎月2000

円、ぼくが 1000 円もらっていたらこうなります。

> 兄の小遣いはぼくより 1000 円多い
> ぼくの小遣いは兄より 1000 円少ない

みたいな表現ができます。でもそれは割合とはいわず、差といいます。割合と比はこんな表現です。

兄（2000 円）	ぼく（1000 円）
ぼくの 2 倍	兄の 0.5 倍
	兄の $\frac{1}{2}$ 倍
ぼくの 200%	兄の 50%
ぼくの 20 割	兄の 5 割
兄とぼくの小遣いの比は 2：1	

ワオ！

比だけ性質が違いますけど、それ以外の割合の表現方法って全部同じことをいっているんです。それは……

> 基準となる数を 1（1 倍、100%、10 割）としたとき、注目している数はいくつ（何倍、何%、何割）か

で、その計算では、割り算を使うんです。

割合は「基準となる数」がわかれば8割OK!

割合で意識してほしいことは、必ず「基準となる数」があるということ。それがどれなのかを正しくわかったら、割合の問題は8割方クリアできたといっても過言ではありません。

基準となる数?

たとえば、「ブランドバッグ、本日に限り半額!」という広告があったとします。「お買い得だ!」って思いますよね。

世のブランド好きは大興奮です。

ただ、ここで「えっ、基準となる数は?」と思ってほしいんです。**商品のもとの値段がいくらか**ってことです。

もともとの値付け自体が高い場合もありますよね。半額だとしても、結局、他のお店の値段とかわらないじゃんって。

あるある!

ふつうのお店であるバッグが5万円で売られているとします。そのお店ではもとの値段が10万円で売られているとして、そこから半額って、結局、5万円。

なるほど。**もとの値段10万円が「基準となる数」ということ**ですか。

なによ他の店と変わんないじゃない

 そうなんです。先ほどの兄弟の小遣いの例に戻しましょう。
「兄の小遣いはぼくの2倍だ」では、基準となる数の2倍といっているわけですから基準となる数は「ぼくの小遣い」です。

 ふむふむ。

 逆に「ぼくの小遣いは兄の0.5倍だ」というときは、基準となる数の半分といっているわけですから、基準となる数は「兄の小遣い」です。

 基準が変われば、数値も変わるわけですね。

 そうです。**「このクラスはメガネの着用率が40%」というときは、クラス全体の人数を基準として40%という割合を計算しているわけですね。**

 そういわれてみると「基準となる数」はありますね。

 でも、今の例文のようにどれが基準となる数なのか、はっきり書いてあるとは限りません。**なにが「基準となる数」なのかをしっかり見極めることが大切**なんです。

ちなみに教科書では「基準となる数」のことを「もとの数」といっていたりします。

もとの数？ 基（もと）？ 元？ 元々？

 この本では「基準となる数」で統一します。

割合の「注目している数」は、実はよく目にしていた

 割合ではもうひとつ大事な数があります。「注目している数」です。割合とは、「基準となる数」と「注目している数」を割り算で計算した結果ですから。

 ふんふん。

 たとえばこういうこと。

「本日に限り全商品半額！」
基準となる数：ふだんの値段
注目している数：今日の値段

「このクラスはメガネの着用率が40％」
基準となる数：クラス全体の人数
注目している数：メガネ着用者の人数

私たちがふだん割合を知りたいとか、割合を計算しようと思うときって「注目している数」が先に頭に浮かぶと思うんです。だから**割合を考えるときは「基準となる数」と「注目している数」がなんなのか整理すれば**、だいたい解けます。

⇨ おすすめは、割合を最初から分数で考える

割合は「基準となる数」と「注目している数」の大きさの違いを割り算で表したものだといいました。注意してほしいのが、**「どちらが割られる数で、どちらが割る数なのか」**です。

そこです！ 永遠のラスボスなんです！

割合とは「注目している数÷基準となる数」です。

> 注目している数÷基準となる数＝割合
> ↓
> 注目している数は基準となる数の何倍か？

はい。……あれ？ あ、いままでの流れだと「理由を説明します！」というところなんですが。

割合については「注目している数を基準となる数で割ったものを割合と呼ぶ」と定義しているので、それ以上の説明がしづらいんです。すみません（汗）。

えーーーー！

 いやいや（笑）。でも、先ほどいったように、そもそも「基準となる数」と「注目している数」があやふやのまま式を立てようとする人が多いんですよ。それは迷うでしょう、という話です。

 あ（赤面）。 もし間違えて「基準となる数÷注目している数」で計算してしまうと？

 計算結果は割合っぽくみえたとしても、意味がまったく違いますよね。あと、注目している数が基準となる数より小さいケースが多いので、割り算に慣れていない人にとってその割り算がなんだか気持ち悪いんですよね。「**本当にこれで割っていいの？**」みたいな。

 文系の気持ちがよくおわかりで（笑）。

 そういう人におすすめするのは、最初から分数で考えてしまうことです。 割り算も分数も一緒ですから。

分数で説明しましたけど、分母は「単位」でしたね。単位って、数をかぞえたりするときの基準。
割合の計算でも「基準となる数」を分母に置く。分母が置けたら残りの「注目している数」を分子に置けばいい。

 なるほど。

 それを計算すると、「注目している数は基準となる数のいくつ分か」がわかります。それがまさに割合のことなんです。

> **ここが ポイント！**
>
> $$\frac{\text{注目している数}}{\text{基準となる数（単位）}}$$
> ＝割合（注目している数は基準となる数のいくつ分か）

兄弟の小遣いの話でいうと、割合を計算するときに「基準となる数」と「注目する数」をどう選ぶかは自由です。

もし兄の小遣いがぼくより多いことに注目するなら「注目する数」を兄の小遣い（2000円）にして、「基準となる数」をぼくの小遣い（1000円）にすればいい。

だから、基準となる数の1000を分母に置き、2000を分子に置く。この分数（＝割合）は、「2000円は、基準となる1000円のいくつ分か」を表しています。

実際に「2000 ÷ 1000」を計算すると答えは2。
つまり、割合は2ということです。**兄の小遣いは基準となるぼくの小遣いの2つ分ということ。**

2が割合なんですか？ 単位は？

「いくつ分か」を表しているので、単位がなくても割合です。
単位がないからその割合を使ってさらにいろんな計算をすることもできるんです。数学の世界では「割合は0.8」とか「割合は1.2」とか、単位なしの表記がいっぱいでてきますよ。

へぇ～。さっき、「2つ分」っていってたから、「2倍」ともいえるし、「割合は2」ともいえるんですね。

そう。もうひとつ重要なことを教えます。「注目している数÷基準となる数＝割合」ということは、次の式も成り立つんです。

> 注目している数＝基準となる数×割合
> 基準となる数＝注目している数÷割合

割り算の逆算を使って式を変形しただけなので、暗記する必要はないですけど、「注目している数だけわからない！」、あるいは「基準となる数だけわからない！」というときに、これらの式をよく使います。ネコさんに例を解説してもらいましょう。

> 注目している数＝基準となる数×割合

例①：シロネコはミケネコの2倍いる。
　　　ミケネコは4匹。シロネコは何匹いる？
シロネコの数＝4 × 2
　　　　　　＝8（匹）

例②：クロネコはミケネコの0.5倍いる。ミケネコは4匹。クロネコは何匹いる？
クロネコの数＝4 × 0.5
　　　　　　＝2（匹）

> 基準となる数＝注目している数÷割合

例①：クロネコの数はシロネコの3倍。クロネコは6匹。
　　　シロネコは何匹いる？
シロネコの数＝ 6 ÷ 3
　　　　　　＝ 2（匹）

例②：ある子ネコの体重はあるシロネコの0.1倍。
　　　子ネコの体重は0.4kg。シロネコの体重は何kg？
シロネコの体重＝ 0.4 ÷ 0.1（＝ 0.4 ÷ $\frac{1}{10}$）
　　　　　　　＝ 0.4 × $\frac{10}{1}$
　　　　　　　＝ 0.4 × 10
　　　　　　　＝ 4（kg）

これも公式を丸暗記というよりイメージが大事なんですね。

⇨「1とみなす」は最高のヒント

さて、スペシャルボーナスレッスンです。割合を扱う問題文では「Aを1とみなして」という言葉がよくでてきますよね。

それ……、意味わかんないんです。「1とみなすって、1じゃないし！」ってなりますよ。

「Aを1とみなす」は「Aを基準となる数とする」と同じなんです。「Aを単位（＝分母）とする」ともいえます。

うーん……。もう一度お願いします(笑)。

「Aを1とみなす」の「1」って、「割合が1」という意味なんです。**「割合が1」ということはAの数そのもの**ということ。

そういうことだったんですか……。

兄弟のお小遣いのケースでいえば、ぼくの小遣い1000円を割合1とみなして、兄の小遣い2000円の割合を求めているんです。もし兄の小遣いも1000円なら割合は1。でも兄は2000円もらっているので割合は2。

仮に新キャラを登場させて、妹の小遣い500円を割合1とみなしたら、兄の小遣いの割合は4になりますよね。逆に兄の小遣いを1とみなしたとき、妹は$\frac{1}{4}$になります。

あ！ ……もしかして、奇跡的にわかったかも。いままでは「1000円を1とみなす」みたいな文章を読むと、1000円を1にする計算を別途しないといけないのかなと思ったんですけど、そうい

う話ではなくて、**「1とみなす数（1000円）で割れ」**っていっているだけですか？

そう！ いい方を変えれば**「1000円を単位にしろ」**だし、**「1000円を分母にしろ」**なんです。それが「1とみなす」の意味です。

うぉぉ！ なんだか急に視界が開けた気分！

この「割合が1」とか「1とみなす」という考え方で、つまずきやすいんです。これまで親しんできた**「1」って、かぞえるためのもの**でしたよね。でも、**分数や割合の世界では、1が「割合の基準」とか「全体を示す数」として使われるようになるん**です。
直感と反するから、なかなか理解できないんですね。

その違和感を何十年も持ち続けたのが私です。

割合って表面的な計算テクニックだけ学んでも理解できない。その理由がここなんです。ちゃんと意味を理解して、従来の1に対するイメージを壊さないといけないんです。

LESSON 2 表し方で、割合と比の扱いをマスター

4日目 時間目

「割合」は「数」や「分数」で表すこともできるし、「倍」「百分率（%）」「比」といった単位で表すこともできます。割合をマスターするコツは、これらの単位を自由に変換できること！

⇨ 割合の表し方①　〜〇倍〜

では、話をどんどん続けます。
割合は単位がなくてもいいといいましたが、実は割合はいろんな表現方法に変換することができるんです。
一番かんたんな変換は、割り算の結果に「倍」という単位をつけるだけ。**割合1は1倍です。**

さっそく1のイメージをぶっ壊してますね（笑）。

ぶっ壊しますよ（笑）。もうひとつイメージをぶっ壊すと、**掛け算の「2倍」「3倍」、実はあれも割合を示す表現だったんです。**

知らずのうちに割合の計算をやっていたわけですか。

そう。たとえば、「Aの長さはBの2倍」というとき、「注目している数」はAの長さで、「基準となる数」はBの長さのこと。

あと、割合ですから基準となる数より注目している数が小さい場合もあります。そのときの「倍」は当然1よりも小さい数になります。$\frac{1}{2}$倍（0.5倍）は、基準となる数と比べて注目している数が半分の大きさ、という意味ですね。

「倍」と書いてあるからといって「大きくなる」というわけではないことをしっかり理解しましょう。

「人一倍」って何倍？

江戸時代の1倍は、現代の2倍を意味していた。基準となる元の数がすでに1セット分あるものとして、そこからの差だけに着目して「倍」を計算していたわけ。「人一倍」はその名残。つまり「人一倍の努力！」は、「人の2倍の努力！」のこと。

⇨ 割合の表し方②　〜百分率（％）〜

割合を表す表記としてよく使われるのがパーセント（％）。デジタルネイティブの子どもなら見慣れているはずです。

娘もよくゲームをやろうとして「アップデート重すぎ。まだ30％」みたいにグチっています（笑）。

そうそう。「0％からはじまって100％になったら完了なんだな」ということは子どもたちもわかっていると思います。パーセント表記のことを、少し難しい言葉で「百分率」といいます。

百分率がよく使われるのが、**注目している量が全体の量に占め**

る割合を表したいときです。 100%は割合1のこと、50%は割合$\frac{1}{2}$（0.5）のことです。

「基準となる数」は全体の量で、「注目したい数」が全体の一部のとき、百分率が100%（割合1）を超えることはありません。

なるほど。%といったら、確率でもよく見ます。

そうですね。たとえば、天気予報で「明日の東京の降水確率は70%」といっていたら、70%の予報を100回だしたら、そのうち70回、（1mm以上の）雨が降ることを指すのが気象庁の定義だそうです。

確率も結局、全体に占めるある量の割合を表しているので、基本的に100%は超えません。ただし、**注目したい数が基準となる数より大きい場合は、百分率が100%を超える（割合1を超える）こともあります。**

「前年比200%」みたいな。

そう！
で、割合（割り算の結果）を百分率へ変換するときはどうしたらいいかというと、ルールはシンプルです。
小数点を右に2つ移動させる（×100する）だけ。反対に百分率から割合（割り算の結果）に変換するときは小数点を左に2つ移動する（÷100）するだけ。

割合（割り算の結果）	割合（百分率表記）
1	100%
0.03	3%
0.754	75.4%
12	1200%
0.0002	0.02%

ちなみに百分率で小数を使ってもかまいません。**0.1％は割合0.001のこと**です。

もし割合が分数表記なら、小数に変換してから×100をしてもいいし、分母を100にしたときの分子を使ってもいいです。計算が早そうなほうを選びましょう。

たまに子どもが混乱するのは、たとえばスマホで「電池が残り20%です」とメッセージがでても**％はあくまでも割合を示す数であって、実際の電気の量のことではありません。**

そうですね。どのスマホもフル充電したら100%になりますけど、バッテリーによって容量違いますし。

そうなんです。バッテリーの容量ではmAh（ミリアンペア時）という単位を使いますけど、フル充電で3000mAhのスマホだとしたら、20%は600mAh。

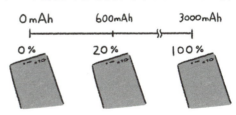

ふんふん。

 3000mAhの20%は600mAhだと計算しましたけど、それができるのも百分率を数や分数に自在に変換できるからです。

20%は小数で表すと0.2。だから「3000 × 0.2 = 600」です。まあ、電卓では%のままでも計算してくれますけどね。

 そこは掛け算？

 そうです。基準となる数が3000で、それの20%の割合にあたる「注目している数」を知りたいわけです。
だから、**「注目している数＝基準となる数×割合」**という先ほどの式を使ってもいいですし、それを覚えていなくてもわからない数字を□として割り算の式を立て、逆算すれば掛け算の形になります。

```
注目したい数      基準となる数      割合
   □       ÷     3000    =    0.2
                         割合      基準となる数
   □           =         0.2  ×   3000
```

 そっか。

 「〇の何パーセント」というときは必ず掛け算を使うので、そこはもう反射的にパーセントを小数ないし分数に変換して掛け算するクセをつけるといいと思います。

パーセント表記を小数に変換するのは、先ほどの逆をすればいいですね。今度は小数点を2つ左に移動させるだけ。つまり、「÷ 100」か、「× $\frac{1}{100}$」をします。

```
100%  →  1
 50%  →  0.5
  1%  →  0.01
```

もし分数に変換したほうが計算がラクそうなら、小数への変換は飛ばして、$\frac{1}{100}$ を掛けるだけでいきなり分数にもできます。

割合の表し方③　〜歩合〜

「歩合」といわれても聞きなじみがないと思いますが、「3割引き」とか「8割そば」とか「打率が3割2分1厘」みたいな割合の表現のしかたを歩合といいます。そもそも「割合」という言葉も、もとは歩合のことを指していたそうです。

じゃあ、割合1は10割？

その通り。小数点の読み方で説明したように、小数点第1位が割、第2位が分、第3位が厘です。パーセントのような単位はありません。

西洋数学から入ってきた百分率に対し、こちらは日本人が長らく使ってきた割合の表し方です。小数点表記の数字を日本的に読んでいるだけなので、小数⇔歩合の変換は難しくありません。

ただ、現実的に歩合を使う場面は、割合が10％刻みのときが多いと思います。つまり、1割、2割、3割、4割ですね。次の位の「分」を使うくらいなら、素直に百分率を使ったほうがラクな気がします。

⇨ 大きさの関係が一瞬でわかる「比」

ここでようやく、「比」の話をします。
比を使うときは、「A：B」のように書きます。比を表す記号はダブルコロン「：」で、Aのことを「前項」、Bのことを「後項」と呼びます。3つ以上の数も比較できます。

たとえば、このように使います。

●この地図の縮尺は1：10,000（いったいいちまん）だ
●砂糖と塩を3：1（さんたいいち）の割合で入れる
●モニターの画面比は16：9（じゅうろくたいきゅう）だ
●ボスネコ、ふつうネコ、子ネコのえさの取り分は5：3：2

ボスネコ（笑）。なんて比だ!!

（笑）。比は、これまで説明してきた割合の表現方法と決定的に異なる性質があります。それは「基準となる数」と「注

目している数」の違いがないこと。

ないんですか？

ないです。**「：」をはさんで比べたい数や量、割合がいっきに表せられます。**
先ほどの兄・ぼく・妹の小遣いの話なら、「2000：1000：500」と書けば、3つ数の大きさの関係を表す比のできあがりです。

パッと見てわかりやすいですね。

ですよね。**比は、割り算や分数と同じような性質があります。比べている数すべてに同じ数を掛ける、あるいは同じ数で割っても比は変わりません（足し算、引き算はダメ）。**
また、**分数を約分するときのように、比もできるだけ小さい数で表現することが一般的です。小さくする方法も約分とまったく同じです。** どのようにやりましたっけ？

えっとですね。公約数を見つけてどんどん小さくしていくか、最初から最大公約数を見つけていっきに小さくするか。

そうです。いいですね♪
2000と1000と500の最大公約数はわかりますか？

100です（ドヤ）。

500です（笑）。500で割れば、きょうだいの小遣いの比をかんたんに表すことができます。

2000：1000：500 ＝ 4：2：1

同じ比は等号で結びます。しかし、それ以外の場面、たとえば普通の式の中に比を使ってはいけないというルールがあります。これも比の大きな特徴です。

ちょっと待ってください。「4：2：1」という比は何を示す数ですか？

「大きさの関係」という意味での割合は表していますけど、数ではありません。単純に「4：2：1の関係です」と書いてあるだけ。でも、この比をパッて見て、「ぼくの小遣いは兄の $\frac{1}{2}$」「兄の小遣いは妹の4倍」ってわかるわけです。

ただ、比だけでは百分率や倍のような「AはBのいくつ分です」といった、「基準となる数を1とみなしたときの割合」はわからないんです。

知りたいときはどうするんですか？

「4：2：1」のどの数を「注目している数」とし、どの数を「基準とする数」にするかを決めて計算するんです。

もし、ぼくの小遣いを基準にして、兄の小遣いの割合を計算したいなら、ぼくの小遣いを1とみなせばいい。つまり……？

ぼくの小遣いで割る。ぼくの小遣いを分母に置く。ぼくの小遣いを単位にする。

素晴らしい。だいぶ理解してきましたね！
「4：2：1」の比なら兄の「4」とぼくの「2」を使って「4÷2（$\frac{4}{2}$）」をすればいいです。すると答えは2です。つまり、「兄の小遣いはぼくの2倍」ですね。

では、仮に兄の小遣いを1とみなして、妹の小遣いの割合を計算するならどうしますか？

兄が基準だから「4」を分母において、妹の「1」を分子に置くから……$\frac{1}{4}$。

正解です！

比って、ようはメモみたいな感じ？

そんなイメージで十分です。大きさの関係を表す早見表みたいなものですね。

▶ 実用性がさらに上がる！ 「比の値」に変換

比って他にも使い方ありますか？

使いたいときは先ほどみたいに「基準となる数を1とみなす割合」に変換すればいいんです。これを**「比の値」**といいます。

比の値とは「A：B」という比の「Bを基準としたAの割合」のこと。ようは「：」を「÷」や「分数」に変換したものなので、「A÷B」と考えてもいいし、「$\frac{A}{B}$」と考えてもかまいません。

$$3：2 \text{ の比の値} \rightarrow \frac{3}{2}、1.5$$

$$1：1000 \text{ の比の値} \rightarrow \frac{1}{1000}、0.001$$

……これって、いつ使うんですか？

比を分数で表したいときのお作法みたいなものかな。たとえば、縮尺「1：20」で設計図を書くとします。すると比の値は$\frac{1}{20}$になります。現実世界で40cmの長さのものを設計図上に何cmで書けばいいか。これを計算するときにこんなふうに使います。

$$40\text{（cm）} \times \frac{1}{20}\text{（比の値）} = 2\text{（cm）}$$

実際、設計図や地図で「比」の表記ではなく、「比の値」で縮尺が書かれていることもあります。

ああ、そういう使い道があるんですね。

ただ、「比の値」って「A：B」のBのほうを基準とするという決め打ちをしている点に注意が必要なんです。本来なら、**比は**

大きさの関係を表す早見表だから、「自分で基準となる数」と「注目したい数」を選んで割合を求めていいわけです。

Aを基準にして比の値を計算したいなら、比の順番を入れ替えないといけないんですか？

そういうことになります。ちなみに細かい話ですけど、「3：2」の比の値が $\frac{3}{2}$ だからといって、「3：2＝$\frac{3}{2}$」と等号で結んではいけません。「3：2」はあくまでも早見表。「$\frac{3}{2}$」は2を基準としたときの3の割合。イコールで結ぶようなものではないんです。

⇨ 日常生活でも役立つ！ 比の計算法

比についての説明をいろいろしてきましたが、なんでわざわざ比を使うんだと思われた人もいるでしょう。

実は、そういう考えが頭によぎってました。

比を使うメリットって、ひとつは先ほど郷さんがおっしゃったように、**大きさの関係が一目瞭然なんです。**

「男子は女子より1.5倍多い」と書くよりも
「男女比 3：2」のほうが、イメージが伝わりやすい。

「AはBの2倍。CはBの3倍」より、
「A：B：C＝2：1：3」のほうがわかりやすい。

そう、わかりやすいんですよね。でも、それだけかなって思うんですよね。

なるほど。あとは、**「比＝比」の式を使ってわからない数を求めることができますよ。**使いこなせると日常生活でも強力な武器になるはず。

どうやって求めればいいんですか？

たとえば「カフェオレをつくりたい。コーヒーと牛乳の比は1：1。コーヒーが200mLのとき、牛乳はどのくらい準備したらいいでしょう？」という問題。いうまでもなく、答えは牛乳も200mLですね。今のを「＝」を使って表すとこうなります。

求めたい数を□として「比＝比」の式を書きましょう。同じ比を表しているなら、等式で結んでOK。「『1：1』だから、同じくらいの割合だろう」って想像つきますよね。次はどうでしょうか。

「コーヒー牛乳をつくりたい。コーヒーと牛乳の比は2：3。コーヒーが200mLのとき、牛乳は何mL必要？」みたいなとき。式に表すと次のようになります。

200：□＝2：3

ふむふむ。

知りたいのは200mLを基準としたときの□の割合（200mLの何倍か）です。これを「2：3」に当てはめれば、「2を基準としたときの、3の割合（2の何倍か）」です。

2を基準にするということは、2が分母で、3が分子。
だから割合は$\frac{3}{2}$（もしくは1.5）です。
それに200mLを掛ければいいので、300mLだとわかります。

おお。比がいっきに実用的になりました！

いまの計算を覚えやすくしたのが、学校で習う**「内側×内側＝外側×外側」**のテクニック。等号（＝）を中心としてみたときに、内側の2つの数を掛けたものと、外側の2つの数を掛けたものがイコールになるという関係です。

200：□＝2：3
2×□＝200×3
□＝600÷2
□＝300

LESSON 3 割合の使いこなし方をマスター

4日目 / 3時間目

「割合」の意味を理解できたところで、割合にかんするいろいろな問題を解いてみます。どんな問題でもコツは同じ。「**注目する数**」と「**基準となる数**」を見極めることと、迷ったら紙に書くことです。

⇨ 割合の問題を解いてみよう

これでとりあえず割合や比にかんする基礎知識は伝えることができたはずです。ここからは実際の問題をいくつかみて、郷さんの苦手が克服できたか試してみます。
まずはこんな問題から。

> **問題**
>
> 3種類のネコさんがたくさんいます。
> ・クロネコが2匹
> ・シロネコが4匹
> ・ミケネコが5匹
>
> (1) シロネコの数は、クロネコの数の何倍でしょうか？
> (2) クロネコの数は、ミケネコの数の何倍でしょうか？

まず、「基準となる数」をみつけるんですよね。
(1) は、「基準となる数」がクロネコなので 2 を分母へ。注目し

ている数はシロネコなので 4 を分子へ。
「$\frac{4}{2} = 2$」なので、(1) の答えは 2 倍。

正解！ 「基準となる数」がクロネコだとどうやって判断しましたか？

「クロネコの何倍」と書いてあるということはクロネコが単位なんだろうなと。

さすが文章のプロ。助詞に注目するのもたしかにいいですね。じゃあ、(2) は割り算でやってみますか。

「基準となる数」はミケネコの 5 匹。注目している数はクロネコの 2 匹だから「2 ÷ 5」で……1 より小さい。
えっと……$\frac{2}{5}$ 倍。だから 0.4 倍。

正解。ちなみに分数のままでまったく問題ないです。むしろ**割合を扱うときは自分が理解しやすい割合の形（整数、小数、分数、倍、百分率、歩合）にどんどん変換して計算するのがコツ**です。最後に問題文が求めている割合の形に答えを調整すればいいんです。いまの問題なら $\frac{2}{5}$ 倍でも正解です。

どんどんいきましょう。

500mL ジュースがあります。このジュースには 20％の果汁が含まれています。このジュースに含まれる果汁の量を求めなさい。

「基準となる数」は全体量のことだから500mLですよね。その20%……。パーセントは全体量に掛けるだけだから「500×0.2」で……100mL。

正解です！「〇の20％はいくつ？」「〇の2割はいくつ？」みたいな問題がでてきたら、計算できる数（整数、小数、分数など）に変換して掛け算をするだけです。
「注目している数＝基準となる数×割合」ですからね。

迷ったらかく！　西成流「割合図」

次はこんな問題です。

問題

太郎君の家には生後10日の犬がいます。いまの体重は540gで、生まれたときの体重の1.8倍です。生まれたときの体重は何gでしょう？

10日……？　あ、この情報はいらない。

問題文から無駄を削ぐというのも大事なことですね。

生まれたときの体重を□として、□の1.8倍が540gというわけか。540gを1.8で割ればいい気がするんですけど……自信がない（笑）。

そういうときは紙に書きましょう。**おすすめの書き方を伝授します。西成流「割合図」と名付けてみましょうか。**

おお！ 頼もしい。

西成流「割合図」の使い方を説明しますね。
たて長の長方形を書いて、左側は現実世界の単位（g）の目盛りとして使い、右側は割合を表す目盛りとして使います。

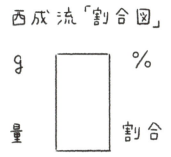

右側には、「倍」や「百分率」や「歩合」「分数」でもかまいません。目盛りの一番下は0、上にいくほど、量や割合が増えるとします。

この図で最初にかくのは、割合1です。

基準としての1！

そう。これを右側の目盛りに書きます。
1より大きな割合を扱うなら1は真ん中くらいに書く。割合1が最大になるとわかっている問題なら、長方形の一番上に書くといいでしょう。まあ、慣れるまでは**とりあえず真ん中あたりに割合1をかいてください。**
それができたら割合1を基準にして、ほかの数を書き込んでいきます。**わからない数は□にしましょう。**

ふむふむ。

 さて、実際にどうやって使うか、問題にそってやりましょう。今回わからないのは生まれたときの体重です。

 かき込むときに一瞬、迷いますね。

さっき郷さんがいったように、生まれたときの体重を 1.8 倍したのが今の体重 540g。これをかき込みましょう。

1.8 倍は割合を表しているので右側に。540g は左側に。
次にわからない、生まれたときの体重、□は基準としているので割合 1。
その左側に□とかきましょう。
こうやって情報を整理するんです。

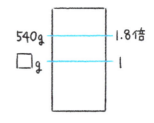

 なるほど。たしかに整理はできましたけど……ここからどうやって□を求めるんですか？

 左側の列で割り算して、右側の列で割り算して「＝」で結んじゃえばいいんです。

上の数字が分子、下の数字を分母とすれば、左は $\dfrac{540}{□}$、右は $\dfrac{1.8}{1}$。これは等号で結ぶことができるので、$\dfrac{540}{□} = 1.8$。

 あれ？　どうやって解くんでしたっけ？

 いったん割り算に変換して「A ÷ □ ＝ B」は「□ ＝ A ÷ B」で解ける逆算を思い出すことができれば、「□ ＝ 540 ÷ 1.8」。

それが思い出せないとしても、両辺に□を掛けて「540 ＝ 1.8 × □」にしてから「□＝ 540 ÷ 1.8」という逆算にもっていく方法もあります。
他にいろんな考え方で解けますよ。

〈方法①〉「基準となる数＝注目している数÷割合」を使う
「基準となる数＝注目している数÷割合」の式を覚えているなら、「□＝ 540 ÷ 1.8」をあてはめてそのまま計算してください。

覚えていたら図にしないです（笑）。

たしかに（笑）。

〈方法②〉「目盛り」を使う
「俺はビジュアル重視だぜ！」というタイプなら目盛りを頼りにしてもいいです。
右の目盛りだけ見ると、1を1.8にするには「× 1.8」をすればいいし、逆に1.8を1にするには「÷ 1.8」をすればいいですよね？
　だとすれば左側も540gを□にするには1.8で割ればいいと。

あ、これ好きかも（笑）。

好きなやつでやるといいですよ。他には……、

〈方法③〉「比の関係」を使う
比が得意な人なら、整理した情報から「540：□＝ 1.8：1」という等式を立て、「内×内＝外×外」のテクニックで□を求めてもかまいません。「1.8 ×□＝ 540 × 1」ですから、「□＝

540 ÷ 1.8」になると。

これもいい！

いずれの方法を使っても答えはもちろん 300g です。

なんか、自信でてきました！

こういう文章問題で大切なことは、解き始める前にまずは答えがどれくらいなのか、大まかでいいのでイメージしてほしいんです。
現時点で 540g の犬の、生まれたときの体重を知りたいわけですから、答えは間違いなく 540g より小さいですよね。しかも生まれてから 1.8 倍ということはざっくり 2 倍になったと考えれば、200 〜 300g くらいかなと予想がつくはずです。

何も考えていなかった（笑）。

いわゆる「あたりをつける」==「だいたいこんな感じになるんだろうな」と予測する。==これをやっておけば、間違えた計算をして 972g（「540 × 1.8」）になっても、「おかしい！」と気づきますよね。

⇨ 比較対象が多いときも「割合図」が使える

この割合図を使ってもうちょっと問題を解いてみましょう。こんな問題のときも便利です。

264

問題

A君たち4人はトレーディングカードを下の枚数持っています。A君が持っている枚数をもとにすると、B君、C君、D君はそれぞれ何倍持っていますか？

A君：12枚　　B君：6枚
C君：24枚　　D君：48枚

このように情報が多いときも割合図にすれば間違いが防げます。まずは基準となる数ですけど、今回の問題文ではA君が基準ですね。

はい。

今回知りたいのは割合です。割合を求める計算はもうお手のものですね？

注目している数を基準となる数で割る！

はい。B君の枚数を12で割る、C君の枚数を12で割る、D君の枚数を12で割るという作業をくり返して、その答えを長方形の右の目盛りに書くだけです。

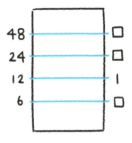

よって答えは、B君が$\frac{1}{2}$倍、C君が2倍、D君が4倍です。

⇨「時間」「速さ」「距離」も割合

いまからする話は構成上どこに入れようか実は迷ったんですけど、割合についての理解がだいぶ深まったと思うのでここでやります。小学校で習う「時間、速さ、距離の関係式」です。ぶっちゃけ物理なので、なぜ算数でやるのかわからないんですけど、いま覚えた知識で解けます。

でた！ またしても苦手なやつ。遠い昔に「はじき」で覚えた気がするんですけど、どんな関係か忘れました。なんで割合に「はじき」の関係式が出てくるんですか？

実は時間、速さ、距離の関係も、割合なんです。

え？ どういうことですか？

速さが割合になっているんです。
たとえば、車の速さの単位って km/h と書きますよね。この単位、よく見ると分数なんですよね。分子が「距離」のキロメートル、分母が「時間」。

$$\frac{距離（km）}{時間（h）} = 速さ（km/h）\quad（時間あたりの距離）$$

ほんとだ！ ということは基準となる数は「時間」で、注目する数が「距離」？

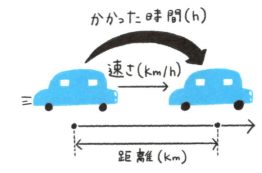
そうです。だって速さって「1時間あたりに進む距離」じゃないですか。

じゃあ「割合1」にはどんな意味があるんですか？

1時間に1キロ進む速さです。

うぉぉ！ はじめて理解した！

その関係さえ理解すれば、「はじき」なんて知らなくていいんです。

でも、速さじゃなくて距離や時間を求めたいときはどうしたらいいですか？

速さを軸に距離、時間の求め方を理解するといいですよ。

ここが ポイント！〈距離、時間の求め方〉

「距離＝速さ×時間」
速さ10km/hで2時間走ると、距離は「10×2＝20（km）」
「時間＝距離÷速さ」
距離20kmを速さ10km/hで進むと、
時間は「20÷10＝2（時間）」

なるほど。速さがわかれば、時間、距離もつかめますね。

でしょ。ただ、この式で注意しないといけないのは、距離と時間でどんな単位を使っているかです。ひっかけ問題で速さはkm/hなのに、時間が分や秒だったり、距離がmだったりすると計算が合いません。

> **ここが ポイント！〈時速、分速、秒速〉**
>
> 1時間あたりに進んだ距離　→　時速（km/h）
> 1分間あたりに進んだ距離　→　分速（km/m）
> 1秒間あたりに進んだ距離　→　秒速（km/s）

時速、分速、秒速の関係は次のようになっています。

$$3600(km/h) = 60(km/m) = 1(km/s)$$

1時間は60分、1分は60秒だからですね。

その通り！　時間や距離の単位変換でミスのないようにしましょう。

⇨「人口密度」「燃費」も割合

割合がわかったら、使いこなすと強力な武器になる考え方があります。それが「**単位あたりの量**」。

たとえば、「面積あたりの量」がわかりやすいですね。

たとえば、「**東京の1㎞²あたりにどれくらいの人がいるか**」がわかると、どれだけ人がギューギューにいるかわかりますよね。これを「**人口密度**」といいますよね。ある一定の範囲の混み具合を表した値のこと。

面積を単位に使うので「人口密度＝$\frac{人数}{面積}$」という計算になります。

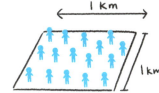

 ふむふむ。

 これを使って、さまざまな人口密度を調べてみるといいですよ。たとえば、「人口密度が一番高い市町村はどこか？」「世界で一番は？」「逆に一番低いところは？」とか。
その数値から、そこで住む人はどんな暮らしをしているんだろう、ってイメージするのもいいですね。

 なるほど！ 満員電車の人口密度とか考えると面白いですね。

 満員電車の場合は、1車両あたりの面積に何人いるかですね。**逆に分母と分子を入れ替えて「一人あたりの面積」を求める場合もあります。**こちらの場合は「一人あたり、どのくらいの広さにいるのか」がわかります。式のつくり方はわかりますか？

 えっとですね。一人あたりを単位に使うので「**一人あたりの面積＝$\frac{面積}{人数}$**」です。

OKです。
あと社会に出て使うとすれば、車の燃費などもそうですね。

あー。「1Lあたりの走行距離」だからですか？

はい。**単位は消費燃料の量なので、使ったガソリンや軽油の量（L）を分母、走った距離（km）を分子に入れれば燃費の計算はできます。** たとえば30Lで350km走ったとすれば、$\frac{350}{30}$なので燃費は約 11.7km/L。

「車の燃費 ＝ $\frac{走った距離}{ガソリンの量}$」ですね。
EV（電気自動車）も燃費計算しますよね。あれって、電気容量が分母なんですか？

本来はそう計算すべきだと思うんですけど、EVでは1回の満充電あたりの走行距離のことを燃費とすることもあるんですよね。ちなみにEVの世界では「電費」と呼ぶそうです。

聞きなれない（笑）。

まあ、10年後には当たり前の言葉になるんでしょう。
「単位あたりの量」がいかに身近なのか、ひいては割合が身近か気づきましたかね。

そうですね！ 他にも調べてみるとおもしろいかもって思えるようになってきました。

⇨ 比がわかれば、「比例」「反比例」も一撃！

比の話に関連する話題として、社会に出てもよく使うことになる比例と反比例についても教えておきます。

あれ？ 比例って中学数学の本でやりませんでしたっけ？

小学校では考え方や式までを教えて、中学ではそれを関数で表したものまで教えるんです。 といっても、「中学生版」で紹介していますので、そちらを読んでいただけると嬉しいんですけどね。

たしかに（笑）。でも、本作から読まれる人にとっては不親切になりますので。

わかりました。では、まず比例から説明しましょう。
比例とは、一方が２倍、３倍になるにつれて、もう一方も２倍、３倍になることをいいます。

たとえば、蛇口からビニールプールに水を張る場面を想像してみてください。
蛇口全開で１分あたり20Lの水を入れているとします。すると、２分後、３分後にはどのくらいの水の量になるでしょうか？

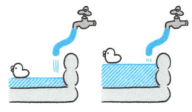

１分で20Lということは、２分で40L、３分で60Lの水を張ることができますね。

そう。ここで蛇口から水を入れている時間と、プールに溜まった水の量の関係をよくみてほしいんです。

水を入れている時間（分）	0	1	2	3	4	5
入っている水の量（L）	0	20	40	60	80	100

時間が2倍になったら水の量も同じく2倍に、3倍になったら同じく3倍になっていますよね。ということは、もし時間が5倍になったら、水の量も5倍になることは想像がつくかと思います。蛇口から出る水の勢いが一定だからです。

そうですね。10分先の未来も余裕で想像できます。
水があふれて妻に怒られている自分の姿が。

じゃあ止めましょう（笑）。
「水を入れている時間」と「水の量」のように、**2つのある数が同じ割合で増えたり減ったりするときに、その2つの数は比例の関係にある**といいます。

片方が増えたらもう片方も増えるだけじゃ比例とはいいません。**「同じ割合」で増えないと比例ではありません。**

お、ここで割合が……。

要は同じ倍率のことですね。片方が2倍ならもう片方も2倍になる。

「比」は今の話にどう絡んでくるんですか？

蛇口から出る水の勢いは同じだから、時間と水の量の比は「1：20」で一定ですよね。この「比が一定」というところがポイント。一定だから、もし片方の量を増やしたり減らしたりしたら、もう片方も同じ割合で増えたり減ったりするはずです。

だから「2つの数の比が一定であるとき、2つの数は比例の関係である」という説明が使われることもあります。

なるほど。**比って比例の関係にあったんですね。**

いまの話を式っぽく整理するとこうなります。

> プールの水の量＝1分あたりに出る水の量×時間
> あるいは
> 1分あたりに出る水の量＝プールの水の量÷時間

「水の量」と「時間」が比例の関係にあります。
1分あたりに出る水の量は、今回のケースでは20L。割合のことですね。比例の関係が成り立つとき割合は一定じゃないといけないので、教科書では「決まった数」という表現がよく使われます。

決まった数？　あ、定数のことか。

そうです。で、比例を理解するときにぜひ覚えてほしいのが、**数が減っていくときも比例の関係は成り立つこと**です。

数が減るのも比例でしたっけ？（汗）

そうです。たとえばプールの栓を抜いて1分間に水の量が10Lずつ減るなら、1分で10L減り、2分で20L減り、3分で30L減ります。

小学校ではマイナスの数を扱わないのでこういう比例の説明はできないんですが、「10L減る」は「－10L」と同じこと。**片方は2倍に増えたら、もう片方は「－2倍」になるような関係は「負の比例」といって、立派な比例です。**

で、この「負の比例」のことを「反比例」と呼ぶ大人があまりに多いんです。

……そうでした。いえ、そうですよね。

大丈夫ですよね？（笑）**反比例とは、片方が2倍に増えたらもう片方は$\frac{1}{2}$倍という逆数になるような関係のことです。**

たとえば、蛇口から出る水の勢いを「1分あたり何cm入るか」で考えてみましょう。チョロチョロと水が入る場合、ザーッと入る場合、ドバドバ入る場合で勢いが違いますよね。

1分に1cmしか入らないチョロチョロの場合、水深60cmのプールを入れるまでに60分かかりました。しかし、1分に2cm入る

ザーッと入る勢いなら30分で済みます。1分に3cm入るドバドバの勢いなら20分で済みます。

これを式にすると

> プールの水深＝水の勢い（1分あたり何cm入るか）×時間
> あるいは
> 時間＝プールの水深÷水の勢い（1分あたり何cm入るか）

この式では「時間」と「水の勢い」が反比例の関係で、「決まった数」は「水深」です。このように反比例の関係式でも必ず「決まった数」が必要になります。

むむ……。急に難しくなりました。

ではたとえを変えましょう。ピザ1枚を分割する数と、ひと切れあたりの大きさは反比例の関係です。2分割すれば1枚は$\frac{1}{2}$だし、3分割すれば$\frac{1}{3}$、4分割すれば$\frac{1}{4}$ですよね。ではこの場合の決まった数ってなんですか？

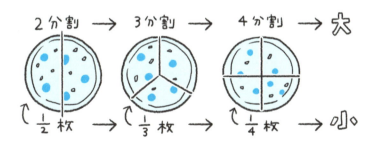

え……。もしかして1？

そう。ピザ1枚分のことですね。これも式にしてみましょう。

> ピザ1枚＝分割数×ひと切れあたりの大きさ
> あるいは
> ひと切れの大きさ＝ピザ1枚÷分割数

 あ、こっちのほうがわかりやすい。

 負の比例では一定のペースで減っていきますけど、反比例の場合、減っていくペースは一定ではありません。**分数の分母（分割数）が大きくなっていくと、ひと切れあたりの大きさが減る量はだんだん緩やかになるという大きな違いがあります。**

いままでの話を中学数学っぽい式で整理しておきます。y と x が比例・反比例の関係にある2つの数のこと。a は決まった数のことです。

ここが ポイント！　比例と反比例

比例の関係
$a = y \div x$
あるいは
$y = a \times x$

反比例の関係
$a = y \times x$
あるいは
$y = a \div x$

 小学校で a、y、x とか使っていいんですか？

 大丈夫。調べたら6年生で教えるみたいです（笑）。

276

⇨ 大人こそ使いこなしたい「原価率」「売値」計算

割合の説明の締めとしてこれからするのは、どちらかというと大人向けの話です。でも、ビジネスに興味がある小学生ならいままで教えた知識を動員すれば理解できます。

なんだろう。

世の中のあらゆる商売って、商品を仕入れるときや、自分たちでものをつくるときにお金がかかります。こうした費用のことを「**原価**」といいます。
準備した商品を原価のまま売っても儲けが出ないので、原価よりも高い値段で売るということをしています。売るときの値段は「**売値**」といい、売値から原価を引いたものを「**利益**」といいます。

ふむふむ。

「売値に占める原価の割合」のことは「**原価率**」といい、「売値に占める利益の割合」のことは「**利益率**」といいます。**売値は「原価＋利益」ですから、原価率と利益率を足すと100%になります。**

クラスの男子率と女子率みたいな関係ですね。足したら必ず100％。

そうです。たとえば800円で仕入れた商品を1000円で売ったら原価率は80％。利益率は20％です。

ここまでは大丈夫でしょうか？　さて、問題は次です。

商品の売値を考えるときに、目標とする利益率や目標とする原価率から計算することはよくあることです。
たとえば店長が部下に「そのペン、1セット350円で仕入れたから、利益率30%で売っておいて」と指示したとします。郷さんならどうしますか？

利益率30%ということは原価の30%増しで売ればいいんですよね？　だから130%にした金額、つまり「350 × 1.3 = 455」。455円で売ります。

なるほど。割合図でいうと、こういう風に理解するということですね。

なんか違う気がしてきましたけど
……そうです。

455円だと、利益率は約23%しかありません。

「利益率＝売値に占める利益の割合」なので、「利益（455 － 350）÷売値（455）」で計算できます。その答えは0.23……です。

あれれ？　7%はどこにいったんだ。

本来どうすべきかというと、割合図でこう考えるべきなんですね。利益率が30%ということは、原価率は100%から30%を引いた70%。

ハッ……売値を1とみなすということか！

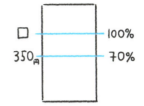

 そう。そこがポイント！　なぜなら利益率も原価率も売値を基準としているからです。いずれも「売値に占める割合」ですからね。

正しく図に情報を整理できれば、□の売値を解くだけです。この□の売値は「注目している数」ですか？「基準となる数」ですか？

 割合1だから、「基準となる数」。

 そうですね。**「基準となる数」が知りたいときは、「注目している数÷割合」の式が使えますね。**

 じゃあ、「350 ÷ 0.7」。

 そう。それを計算するとちゃんと500円になります。
商売の世界は「売値＝原価÷原価率」を徹底的に覚えさせられるんです。でも、記憶だけに頼るからたまに間違えても気づかなかったり、式の意味が理解できない人が多いんです。

 間違えたまま商売してたらゾッとしますね。

 そう。「全然儲からないぞ」ってなるわけです。
たしかに理解するのってかんたんではないかもしれませんが、割り算や割合について徹底的に学んだので、きっと理解いただけるはずです。

奇跡的にバッチリわかりました。

 ということで、算数で扱う代数の話は以上です。いやぁ、これでだいぶ肩の荷がおりました。郷さんもだいぶ苦手意識が克服できたんじゃないですか。

 原価率ではまんまと引っかかりましたけど、基準となる数とか、単位とか、1とみなすという話が腹落ちした瞬間に、急に頭がクリアになった気がします。ありがとうございました。

補講

2

使い分ける！
グラフ・データ活用を
マスター

補講 2

LESSON 1 時間目

データとグラフの見方と使い方

世の中はデータ社会。データのつくり方や読み方を知らないと社会人としてやっていけません。小学算数でもデータの基礎を学びます。まずはいろいろなグラフについて知りましょう。

➡ なぜ、人はデータ・グラフにするのか

残っている大きな単元としては図形がありますが、その前に補講の時間をとります。「グラフとデータの活用」をしましょう。

おお、いまの小学生ってそんなことまで学ぶんですね。

そうなんです。
数字を使うさまざまな場面でいえますが、**なにかを測ったり、かぞえたりした結果を紙に書いておけば、あとで数字を見返したり、誰かに見せたりすることができますよね。こういう数の記録のことを「データ」といいます。** 現代では表計算ソフトと呼ばれるアプリを使ってデータを管理することが多いですね。
ここで一番大事なことをいうと、**データを取るときには必ず「目的」があります。**

目的？

「なぜ数を記録するのか」ですね。
単純に「メモ代わりとして記録する」という目的もあれば、「数値を分析してなにかパターンを見つけたい」という目的もある。ほかには「数値同士を比較する」という目的などもあるわけです。

メモ代わりのデータなら数字がいっぱい並んだ状態でも目的は達成できますが、パターンを見つけたい場合や比較したい場合は、数の状態のままではやりづらい。

たしかに、数字の羅列を眺めてなにかひらめく気がしないです（笑）。

でしょ（笑）。そこで使うのが、**数の大きさや数の変化のしかた（＝式）をイラストのようなものに置き換えたもの。それがグラフです。**

➡ 棒グラフ、円グラフ、帯グラフ

グラフにはたくさん種類があって、目的によって使い分けをします。たとえば、クラス対抗の縄跳び大会の結果を発表するときにはこのようなグラフを使うといいでしょう。

クラス対抗の縄跳び大会の結果（回）

ただ数を「A 組 54 回、B 組 21 回、C 組 63 回、D 組 38 回」と書くよりも各組の回数を棒の長さに変換したグラフのほうが、何組が多くて、何組が少ないかひとめでわかります。

このようなグラフのことを「棒グラフ」といいます。棒はたてでも横でもかまいません。**棒グラフは主に数・量の大きさの比較のために使われる**ため、大きい順や小さい順に棒を並べてかいたら、さらにわかりやすくなるかもしれません。

「営業成績の見える化」でよく使いますね。
下位の人にめちゃくちゃプレッシャーのかかるやつ（汗）。

そうそう。「見える化」や「視覚化」といった言葉も覚えておいていいと思います。パッと見てなにが大きくて小さいのか、それはどの程度の差か、直感的にわかりますよね。
数の羅列に命を吹き込むようなイメージです。

そうですね。ニュースでもよく見ます。

次に数や量の比較をするなど、各要素が全体に占める割合を知りたいときによく使うのが、「円グラフ」や「帯グラフ」です。

たとえば、次はあるアンケートの結果を表した円グラフと帯グラフです。円グラフや帯グラフでは、全体を 100%（割合 1）とみなして、各要素がそのうち何 % くらいを占めているのかが視覚化されます。

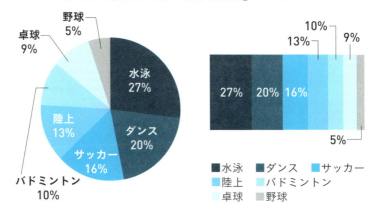

じゃあ、割合の計算をしないといけない。

そう。割合の求め方は、たとえばAが3、Bが2、Cが5だとしたら、その数をすべて足した10が全体量。それに対するA、B、Cそれぞれの割合を計算すればいいんですね。

データ量が多いと計算が大変なので、計算も含めてグラフを自動的に作成してくれる表計算ソフトを大人は使うんです。

「棒グラフ」と「円グラフ」はどう使い分けますか？

ランキングを知りたいだけなら「棒グラフ」のほうが直感的にわかりやすいですよね。
でも**「なにかの内訳が知りたい」**、アンケートでよくある「好き・普通・嫌い」の集計結果を知りたいときなどは**「円グラフ」や「帯グラフ」が適している**と思います。

なるほど。

折れ線グラフ

数や量の変化の具合を知るのが目的のデータもあります。たとえば毎月の気温の変化を知りたい。そういうときに適しているのが「**折れ線グラフ**」です。

折れ線グラフには目盛りが2つあります。左右の目盛りは横軸や x 軸といい、上下の目盛りはたて軸や y 軸といいます。

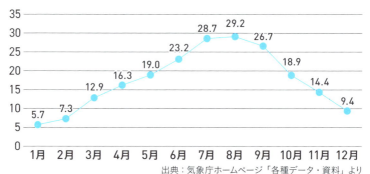

出典：気象庁ホームページ「各種データ・資料」より

少し中学数学っぽい。

そうですね。雰囲気は中学で習うことになる「関数」にだいぶ似ています。

折れ線グラフでは横軸は時間の経過を表します。たて軸は数や量の大きさを表していて、データをどんどん「点」として書き込んでいくんですね。**最終的に点を直線で結んだものが折れ線グラフです。**

身長の変化なども棒グラフで表すことができるんですけど、な

ぜわざわざ点と点で結ぶのか。これはぜひ考えてほしいんです。

たしかに、線自体はデータとして記録されていないことですもんね。

はい。答えは、このグラフは「変化した割合」、あるいは「変化した量」を視覚化するために使うからです。
線が横ばいに近いなら変化量は小さいし、線の角度がきつかったら変化量は大きいことになりますね。棒グラフでも「変化した割合」はなんとなくわかりますけど、折れ線グラフのほうが明解です。

折れ線グラフの線の角度のことを「傾き」といいます。中学の「関数」や高校の「微分積分」で使うので覚えておきましょう。

あ、ここ大事なやつですね。「傾き＝変化の割合」。

そうです。中学でのお楽しみにとっておいてください。

⇨ グラフは自由だ

とりあえず代表的なグラフを紹介しました。
基本的に**グラフとは、数の羅列であるデータからなにかしらのメッセージを伝えたいときに使う**ことが多いんです。なので、**数字が嘘でない、意図的にだまそうとしなければ、どんなグラフをかいてもいいんです。**
四則演算の決まり事みたいな厳格なルールはありません。

グラフは自由だと。

 かなり自由だと思います。
たとえば、先ほど変化の割合を見せたいなら折れ線グラフがいいといいましたけど、変化した割合と各要素の内訳を同時にグラフ化したいときもあるんですね。

たとえば「東京都の平均気温と降水量（2023）」を表したグラフは、折れ線グラフを棒グラフにして、時間軸で並べているんです。こういう合わせ技もアリだし、**そのグラフの右側に新しい目盛りをつけて、折れ線グラフを重ね合わせるということもできます。**

東京都の平均気温と降水量（2023年）

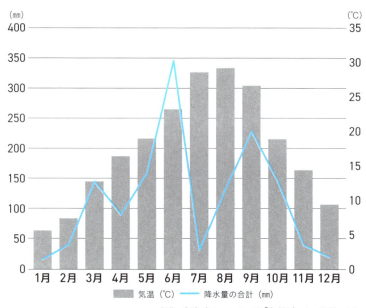

出典：気象庁ホームページ「各種データ・資料」より

たしかにこんなグラフをよく見かけますね。情報がスッと入ってきます。

情報が増えるとわかりやすさは失われるので「盛りすぎ」には気をつけたいですけど、アイデア次第でいろんなグラフをつくることができるということです。

補講2 LESSON 2 時間目

データのつくり方

「ドットプロット」「度数分布表」「ヒストグラム」など、統計の基礎知識まで学ぶ、いまの小学算数。大人もこれを機にデータ活用の基本を覚えましょう。

⇨ 平均の求め方

ここからはデータ上の数値を「材料」として活用して、「新たなデータ」をつくる方法をいくつか教えたいと思います。いわゆる**「データ活用」「データ加工」「データ集計」**などといわれるもの。

データ活用。どんなものがありましたっけ？

算数で習うのは主に3つ。**「平均を求める」「単位あたりの量を求める」「データの散らばり具合を求める」**です。
最初に平均の求め方からやりましょう。
「テストの平均点は72点だった」とか「6年生男子の平均身長は146cm」とか、平均は子どももよく見ると思います。

「超普通」みたいなイメージ。

イメージはそれでいいと思います。問題は平均の求め方ですね。方法は難しくありません。

> **ここが ポイント！〈平均の求め方〉**
>
> 平均を求めたいデータの値を合計する。
> 合計した値をデータの個数で割る。

なるほど。足し算と割り算でいいんですね。

そう。たとえばAが4、Bが3、Cが5というデータがあったら、「4 + 3 + 5 = 12」ですね。
この12をデータの個数である3で割ると4になります。
つまり、A、B、Cの平均は4であると求められたわけです。
Aは平均通り、Bは平均より低く、Cは高くなりますね。
平均の求め方がわかっていると、こんな問題も解けます。

> **問題**
>
> 1組、2組で15点満点の小テストを行いました。各組のテストの点数は次の通り。次回のテストではどちらの組の平均点が高いと予想できるでしょうか？

1組

	点数		点数
Aさん	11	Gさん	10
Bさん	9	Hさん	10
Cさん	8	Iさん	7
Dさん	9	Jさん	8
Eさん	10	Kさん	12
Fさん	13	Lさん	9

2組

	点数		点数
Oさん	14	Uさん	7
Pさん	8	Vさん	9
Qさん	13	Wさん	10
Rさん	5	Xさん	14
Sさん	11	Yさん	7
Tさん	12	Zさん	8

うわ！ こんな問題を小学生がやるんですか。

「予想」とあるから難しく思えますけど、よく見ると**それぞれの組の平均を求めて点が高そうな組を探すだけなんです。** たしかに計算は面倒なので、電卓や表計算ソフトを使えばいいと思いますけどね。答えはどちらだと思いますか？

そうですね。2組の点数が高そうですけど、ちょっとわからないです。

でしょう。だからこそ、平均を求めて数値的に確かめる必要があるわけです。

このような問題が解けるということは他にも応用が利きます。たとえば、**ビジネスの世界では「多店舗の売上の平均を求める」、生活の場面では「心拍数の平均を測る」とかね。** いろんなところで使える基本的な考え方なのでマスターしておきましょう。

この「予想」問題をもとに次の**「ドットプロット」「度数分布表」「ヒストグラム」**を考えていきましょう。

⇨ドットプロット

データの平均などを求めるときに、**データの各値を数直線上に点として書き込んだ「ドットプロット」と呼ばれる視覚的なデータをつくることもあります。** ドットは「点」、プロットは「点をグラフに打つ」という意味です。

こうやって点を打っていくことで、一番多くでてくるデータの

値を知ることができます。一番多くでてくるデータの値のことは「最頻値」あるいは「モード」といいます。

さきほどの「予想」の問題をもとにするとこうなります。

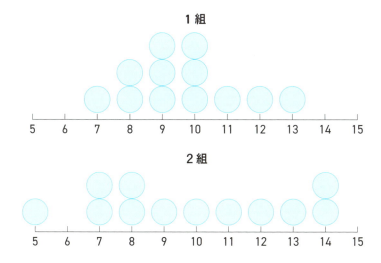

すると、データのバラつき具合がはっきりとわかりますよね。「似たような値が多いのか、バラバラなのか」「大きい数字と小さい数字の差はどれくらいか」といった情報が、一目でわかるので便利です。

これって統計ですよね。難しいこと教えるなぁ……。

たしかにデータ活用を専門とする統計学の分野です。時代の流れですね。

⇨ 度数分布表

データの散らばり具合などを調べる別の方法として、「度数分布表」というものもあります。度数分布表は、元のデータを材料

としてまったく新たにつくります。

1組

点数	人数
0以上～3以下	0
4 ～7	1
8 ～11	9
12 ～15	2

2組

点数	人数
0以上～3以下	0
4 ～7	3
8 ～11	5
12 ～15	4

どのようにこの表にまとめたかというと、テストの点数を「何点以上何点以下」という形で区間を区切ってひとつのグループとしてまとめています。

今回は4つの区間で区切りました。「4点以上～7点以下」といったグループをつくって、そのグループに該当する人数をカウントしました。

これで、ばらけ具合が整理されてきましたね。

わざわざグループでまとめる理由は？

1刻みでも度数分布表をつくることはできますが、1刻みでデータのバラつきを見るなら先ほどのドットプロットを使えばいいんです。

あ、そうか。

全体的な傾向をつかみたいときなどは、バラバラのデータをある程度グループとしてまとめる、ということをするんです。

度数分布表では各グループのことを「**階級**」、グループを分ける区間の幅のことを「**階級の幅**」、各グループに入っている

データの個数のことを「度数」といいます。

「度数」って……お酒のアルコール度数みたい。

たしかに聞きなれない言葉ですが、統計学の世界で度数といえば、階級内のデータの個数のことをいいます。

ヒストグラム

こうやってつくった度数分布表をグラフにしたものがヒストグラムです。柱の形をしているので柱状グラフともいいます。

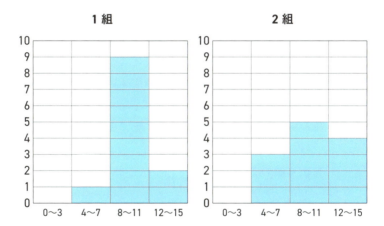

たとえば元のデータを棒グラフにしたものがあるとして、それと比べて何が違うかわかりますか？

柱同士がくっついている？

それもありますね。あと、それぞれの柱（階級）が「○以上○以下」であることがわかるように表せられます。それ以外には……。

え……まだあります？

たて軸と横軸の単位です。
棒グラフではたて軸、つまり棒の長さは「テストの点数」を表していましたが、柱状グラフでは「データの個数」になっています。これが一番重要な違いです。**回数のバラつき具合を把握するための度数分布表とヒストグラムなので、「回数の出現頻度」を見える化したんです。**

データの中で、もっとも多く出てくる値を「最頻値」といいます。また、データの値を大きさの順で何本も並んでいる状態で、中央の値を「中央値」、あるいは「メジアン」といいます。

データの数が偶数で真ん中の値がない場合は？

真ん中の2つの値の「平均値」を「中央値」とします。
「平均値」や「最頻値」「中央値」のように、データのある特徴を表す値のことを「代表値」といいます。

さて、気になる問題の答えは、2組が正解です。均差ですが、2組のほうが点数が高いため、次回のテストも高いと予想できます。郷さんの直感はあたっていましたね。
以上で、統計っぽい話は終わりにします。

5日目

【幾何】「ひらめく」「妄想する」「楽しむ」図形の世界

Nishinari LABO

妄想できたら、図形の8割はできたも同然

5日目 LESSON 1 時間目

算数の図形で習うことは図形の種類とその性質。それらは知識として丸暗記できますが、それだけで図形問題が得意になるわけではない、と西成先生はいいます。いったいどういうことなのでしょう。

⇨ 図形は数学の原点

代数と補講が終わり、今日はいよいよ図形ですね。

図形ってやっぱり数学の原点だと思うんです。物の形や距離、長さ、広さ、深さは昔の人も知りたかった。その欲求というかニーズがあったから、それぞれの古代文明で数学というものが発展してきたと思うんです。まずこの時間ではざっと図形をどうやって学ぶか、そして算数で扱う「多角形」と「立体図形」について軽くふれておきましょう。

図形って私の中では少し楽しかった印象があるんですよね。代数のつらさから一時的に解放されたからなのかもしれませんが(笑)。

図形はパズルを解くようなおもしろさもあるからでしょうね。それと、算数のジャンルの中でも直感力がはっきりと表れるのが図形だと思います。

たとえば図形問題がだされると、目の前に図形がポツンとかかれますね。その図形をどれだけ頭の中でカチャカチャできるかがポイント。

- 図形を頭の中にコピー＆ペーストして思いえがく
- ずらしたり、クルっと回転させる
- 補助線を足す
- 裏から見る
- 大きくしたり、小さくしたりする
- 立体なら、切ったり、広げたり、展開する

こうした**想像力やひらめき、独創性が欠かせない**んです。むしろ、それさえできれば図形の **8割方はいける**と思っていいでしょう。**残りの2割は図形に関するいろいろな性質を知っているかどうか。**

8割も!?

図形は**「目の前にないものを想像する力」**がないとまず解けないですね。

図形の決め手は妄想力……。

そう。ではそうした想像力や妄想力、イメージする力をどう養うかというと、これは答えがはっきりしています。
小さいときからどれだけ遊んできたかです。
いろんな「形」に実際に触れる体験をともなう遊びですね。これが脳の空間認識力や想像力を養うのにものすごくいい影響を

与えるんです。

 ブロックとかパズルとかですか？

 そういったおもちゃでもいいし、工作でもいいですね。あとは、親の手伝い、秘密基地づくり、スポーツなどなんでもいいです。

たとえば複雑な形の図形があって「これを裏からみたらどんな形をしていますか？」といわれたら、実際にいろんなものを、いろんな角度から見た経験が多い子の方が絶対に有利です。

そういう体験が乏しいと、どれだけ論理的思考を駆使しても想像しきれないんじゃないかな。もちろん、発達の特性で空間認識が苦手な子どももいますけど。

 じゃあ、ものすごく計算が速い子どもだけど、図形問題になると突然苦手になるなんてことがあるんですか？

 よくある話です。そういう子に対して「ドリル買わなきゃ、塾に入れなきゃ」とあせるかもしれませんが「ちょっと待て」といいたい。体を使っていっぱい遊ばせればいいんです。

🡺 メタバースは役に立つ？

ちなみに、ゲームの世界でいろんな形に触れることはどうなんですか？ たとえば娘なんて「マインクラフト※」で延々と建築やインテリアデザインをやっているんです。あれなんて、ブロックおもちゃの超進化版みたいなものですよね？

> **※マインクラフト（Minecraft）**
> 1㎥のブロックを基本単位としてつくられた世界で冒険、建築、論理回路を用いた装置づくりなどを自由にできるゲーム。2011年に正式リリース。教育用途のバージョンも開発され、日本の小学校でも教材として使われている。

うーん、インターフェース次第ですかね。いかに物を複眼的に捉えられるかとか、リアルさや没入感があるかとか。**そういう遊びもしたうえで、リアルな遊びを取り入れてみる**、みたいなことでもいいかもしれないです。たとえば、マインクラフト系のブロックおもちゃとか、段ボールでおうちをつくろうとか。好きなことにつなげていくといいかもしれませんね。

コラボ系おもちゃは値段が高いから嫌いなんですけど、投資だと割り切って買っています（笑）。

きっともとは取れます（笑）。結局ですね、**身体性をともなう体験って視覚情報だけじゃないので、脳に入ってくる情報量が多い。**それがミソのような気もしています。

あぁ、情報量かぁ。

素材の触り心地、硬さ、温もり、においとかね。
たとえば近道しようと思ってやぶに入ったら足に激痛がはしった。よくみたら植物に鋭角のトゲが無数にあって血が出てきた、とかね。そういう体験、メタバースでは無理ですよね。

「ケガするホラーゲーム」とか絶対にイヤです（笑）。

いやですね（笑）。
やはりリアルの体験ってとても大事なんです。あとで角度の話をしますけど、たとえば**「とがっている感」を実体験としてわかっていることが、図形を扱う上でものすごく大事なことなんです。**

ある三角形を見たときに、「ああ、この角めっちゃとがってるなぁ。刺さりそうだなぁ」と直感的に感じられるような子は、図形はさほど難しくないはずです。

なるほど。先生はどんな遊びをしていたんですか？

私が小さいころは竹とんぼとか、コマとか、紙飛行機づくりとか、石の水切りとか、「形」を学べる遊びを毎日していたわけですよ。

竹とんぼですか。

そう。既成品じゃなくて材料をひろってきて削

るんです。だから算数の授業で「点対称」なんて習わなくてもそれがどんなものなのか感覚的に知っているし、紙飛行機を遠くに飛ばすために工夫してきた子は「線対称」とか「放物線」みたいなものを勝手に学んでいるんですね。

⇨ 図形の名前は「かど（角）」がポイント！

まずはいろんな形の名前を覚えることからはじめましょう。最初に覚えるのは**三角形**、**四角形**ですね。

これなら園児でもわかりますね。

はい。工作や遊びを通して識別できるはずですけど、**算数で大事なのは「定義」です**。どんな条件がそろったときに、なんと呼ぶかというルールですね。

三角形の定義について教科書では「三本の直線で囲まれた形のこと」と書いてあります。でも正直わかりづらいですよね。「直線で囲む」っていわれても「え？」となりませんか。

たしかに。

子どもが直感的に理解しやすいのは、「角（かど）がいくつある？」だと思うんです。「チクっとするところがいくつある？」と聞けば子どもはわかりやすいですよね。

トンガリに注目。

ここで数学用語の説明をすると、とがった角（かど）の先端を「頂点」。頂点と頂点を結ぶ直線を「辺」。そして、トンガリの部分全体を「角」といいます。

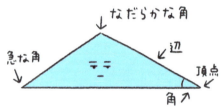

つまり、三角形は頂点が3つ、辺が3つある図形のことを指すわけですが、やっぱり意識したいのは角。これがいくつあるかでその図形が何角形かすぐにわかると。
そもそも三角形をみて「あ、三辺形だ！」なんて誰もいわないですよね。

たしかにそうだ（笑）。

「〇辺形」という言葉を使うのは中学年で習う「平行四辺形」くらいしかない激レアケース。だったら最初から角に注目しようという話です。

頂点と角の違いってなんですか？

頂点は「点」というくらいですからね。トンガリの先端のほんの1点を指します。一方で「頂点と2つの辺」でつくられる形を「角」といいます。

「3つの角がある形」だから「三角形」。

そういうこと。この理屈に従えば、角をかぞえて4つなら四角形だし、8つなら八角形だとすぐにわかります。「99こなら九十九角形なんだろう」と想像することもできますよね。

そういえば娘はアメリカでHexagon（六角形）とかOctagon（八角形）とか必死に覚えていましたけど、九十九角形なんて大人のアメリカ人でも覚えてなさそう。

 99だと……**Enneacontaenneagon**（エニアコンタエニアゴン）かな。

 東大の先生すげー！

 （笑）。ギリシア語の数のかぞえ方です。
いまの話にひとつ付け足すと、三角形、四角形、五角形、九十九角形のように、**「複数の頂点と辺からなる図形」**のことを、**「多角形」**と呼びます。三角形も四角形も多角形の一種です。

 多角形は三角形から？　1つや2つはないんですか？

 まっすぐな辺で囲んで図形がつくれるのは三角形からで、一角形も二角形も存在しません。

 ちょっと思ったのが「三角形は多角形の一種」という説明で混乱する子もいそうですね。「結局どっちなの？」って。

 たしかに。その場合は「きみは○○くんだけど、東京都の住民ともいえるし、日本の住民ともいえるよね」とか、「2年1組の生徒であり、2年生でもあり、○○小学校の生徒でもあるよね」みたいな説明はどうですか？

なるほど！ グループ分けですね。

 できれば「ベン図」を使ってグループを整理してあげましょう。

ベン図はロジカルシンキングの入門。グループ同士の関係性を視覚的に整理する方法としてとても有効なんです。

「便図」じゃないのでご注意を（笑）。

 小学生バカウケしそう（笑）。

> **ベン図**
>
> ベン図の「ベン」は、図の考案者である 19世紀のイギリス人数学者ジョン・ベン（Venn）に由来する。彼の功績を称え、ケンブリッジ大学ゴルヴィル・アンド・キーズ・カレッジの食堂にはベン図がデザインされたステンドグラスが存在する。

⇨ 図形の基本は「点」

 学習指導要領を無視してもう少し話をふくらませておくと、図形の基本要素は「点」なんです。

 「線」ではなく？

 直感的にはそんな印象を受けますね。でも実は**「線」も「無数の点の集まり」でできている**と考えるのが数学です。

もちろん実際に線を描くときに「点点点……」とかく必要はな

いですよ（笑）。ただ、数学的には「線＝点の集合」。

線に対するイメージをなんとなくでいいので、小学生のときからアップデートしておけると、中学以降の数学で理解が進みます。
たとえば方程式をグラフで表せみたいな話がでてきたときに、「点が線？　線が点？　どういうこと!?」という混乱が起きづらくなります。

そういう話ありましたね。

立体図形は「面の数」に注目

先ほどは紙や黒板にかける平面の話。次はサイコロや消しゴム、ティッシュの箱などのカクカクした立体の世界をちょっと紹介します。

立体図形でも頂点や辺はあります。
チクッとしそうなところが頂点。スネをぶつけたら絶対に痛そうな直線部分が辺。そして、**立体図形の平らなところが「面」です。** 立体図形に関しては**「面がいくつあるか」がポイント**です。

ふむふむ。

ここでも、やはり実際に遊んでいるかが大事なんですよ。たとえばサイコロで遊んだ経験がある子どもなら、面の数は6だなってすぐわかりますよね。1から6までえがかれてあるわけで

すから。

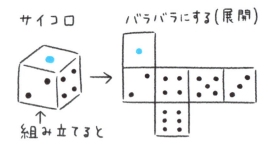

なるほど。たしかに立方体って裏側はイメージするしかないですね。

そうなんです。角と違って面はかぞえづらいし、紙に書かれた立体図形だと裏側が見えません。だから最初のうちは実際に箱状のものを探してきて、かぞえるという体験をさせてあげてほしいですね。

さて、**面が6つある立体図形のことを「六面体」と呼びます。**「6つの面からなる形」だからです。そして多角形と同様に、**「複数の面からなる形」のことを「多面体」**といいます。

ちなみに「体（たい）」ってなんですか？

「厚み」のあるものをイメージしてもらえばOK。厚みのないペラペラの図形は平面で、少しでも厚みがあれば立体。

多面体でも二面体とかはない？

三面体もありません。**多面体は四面体からのスタートです。** そういえば私が小学生のとき、本当に三面体が存在しないのか、いろいろな図形をえがいた記憶があるなぁ。

 疑ぐり深い子どもだったんですね（笑）。
ちなみにサッカーボールも多面体？

 実際のサッカーボールは空気でふくらんでいて、面が平らではなくなっています。なので、厳密には多面体とはいえません。でも、**サッカーボールって正五角形の革 12 枚と正六角形の革 20 枚を縫い合わせてつくられるんです。**

だから「面の数はいくつある？」と考えると、「12 ＋ 20」で 32。サッカーボールって三十二面体ですね。

ちなみに三十二面体のこのパターンを見つけたのは古代ギリシアのアルキメデスだといわれています。

> **アルキメデス**
>
> 古代ギリシアの物理学者、数学者。ある物体を水に浸したときに増える水かさがその物体の体積と同じであるという「アルキメデスの原理」を発見したことで有名。この原理を思いついたのがまさにお風呂に浸かっているときで、「ヘウレーカ（わかったぞ）！」と叫びながら全裸で街に飛び出した逸話が残っている。

 へ〜（ウレーカ）。

 とりあえず多角形と多面体を理解できたら低学年の図形は終わりです。

5日目

【幾何】「ひらめく」「妄想する」「楽しむ」図形の世界

LESSON 2 図形を特殊能力でグループ分け

5日目 2時間目

図形ではさまざまな形や条件に個別の名前がついていて、覚えるのが大変ですが、関係性を整理すれば難しくありません。この授業では図形の特殊ケースを覚えるとともに、円の性質も学びます。

⇨ 二等辺三角形の特殊能力とは？

さて、早くも3年生になりました。図形の基本である多角形と多面体を学んだら、特殊なケースを覚えていきましょう。

特殊といいますと？

ある特定の形や条件に対して **「きみは特別だから独自に名前をつけてあげよう」** という特殊扱いされたものが図形の世界にはたくさんいるんです。

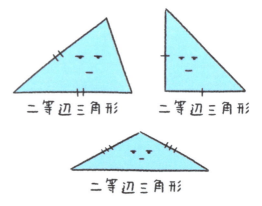

まず覚えたいのが三角形の特殊ケース、「二等辺三角形」。

文字通り、「2つの辺（の長さ）が等しい三角形」のこと。

じゃあ、「〇等辺□角形」の〇と□の数字を変れば、いくらでもバリエーションはある？

ありますよ。ただ、算数で扱うのはほぼ二等辺三角形だけですね。ごくたま〜に**三等辺四角形**の問題がでてきたりします。こんな形のことですね。

三等辺四角形

へぇ。三等辺四角形なんて人生ではじめてみた気がする（笑）。

⇨ グループ分けして頭の中も整理整頓

次の特殊ケースが**「3つの辺の長さがすべて同じ三角形」である正三角形**。見慣れた形ですよね。いかにも几帳面な人がかいたような、整っている図形。

だから「正」という、立派な称号が与えられるわけですね（笑）。

そうなんですよ。「正」は英語だとregular（レギュラー）なので、**三角形の超基本形**といっていいでしょう。

正三角形

あれ……正三角形も、二等辺三角形の仲間じゃないんですか？

よく気づきました。そうなんです。正三角形は二等辺三角形のさらに特殊ケースです。

このベン図を見てください。

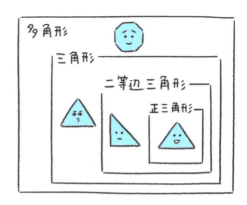

「正〇〇」という特殊ケースの呼び方は、ほかの多角形や多面体でも使います。正八角形とか正八面体とか。**正多角形は「すべての辺が同じ長さ」**、**正多面体は「すべての面が同じ形」**のときに使う名称です。

ただし、正四角形と正六面体は図形の世界ではよくでてくる基本の形なので、さらに特殊ケースとしてそれぞれ**「正方形」「立方体」**と

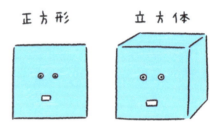

いう個別の呼び方が用意されています。

 知っている言葉がどんどん整理されて気持ちいい（笑）。

 整理すると頭にすっと入ってきますよね。
あと、豆知識になりますが、正多角形は無限にあるんですけど「正多面体」はそんなに種類はありません。**「正四面体」「正六面体（立方体）」「正八面体」「正十二面体」「正二十面体」の5種類**だけです。

正四面体　　正六面体　　正八面体

正十二面体　　正二十面体

 でも実はあるんじゃないですか。正三十億面体とか。

 これ以外にないことが数学的に証明されているんです。
図形のグループ分けはこんなところで次に進みましょう。

⇨ 角度はとんがり具合

 図形の性質を知る上で欠かせないのが「角度」。
角度とはとがり具合、あるいは開き具合のこと。
そしてとがり具合や開き具合は「度（°）」という単位を使います。**角度が0だと「開いていない」** という意味になります。温度を表す「度（℃）」とはまったくの別物なので注意してください。
どれくらいの角度がどれくらいのとがり具合になるかは、いろんなケースを見て確認するのが早いと思います。

315

ちなみに、お子さんが滑り台好きなら「あの公園の滑り台、急だよね。何度くらいかな」みたいに現実と紐づけながら説明してもらうと理解が進むと思います。

ちなみに教科書だと「角度」ではなく「角の大きさ」という表現から入るんですけど、正直、いい方を変えたところでわかりやすくなるわけでもないし、角度の単位が「度」なんだから、「角度」で教えていいと思います。

そこで角度にも特殊ケースとして個別に名前がついたものがあるんです。

それが「直角」です。数で表すと 90 度。
英語だと「right angle」といいます。この場合の「right」は「正しい」という意味ではなく、「直立」という意味からきています。

あぁ、なるほど。まっすぐ立つ。

はい。直角って身の回りにあふれていますし、しっくりきますよね。子どもが遊んでいるときも「棒をまっすぐ立てよう」とかいいますね。では何に対してまっすぐかというと、地面や床

じゃないですか。そのイメージが大切です。教科書、ノート、黒板の4隅は全部直角だし、ティッシュの箱も8こある角のすべてが90度。

逆に直角から微妙にずれていると、気持ち悪いですよね。

そう。ちなみに、アインシュタインが生まれたドイツのウルムという町に「世界でもっとも傾いているホテル」としてギネス認定されている「シーフェス・ハウス（傾いた家）」という築600年くらいの家があるんです。昔、見にいったことがありますけど、まあ、個性的。

どれくらい傾いているんですか？

10度くらいだそうです。10度って大したことないと思うかもしれませんけど、そのままだと生活できないのでテーブルやベッドには下駄をはかせて水平をとっているとか。

へぇ〜。ここに泊まったらへんてこな夢を見そう……。

ドイツのシーフェス・ハウス

➡ なぜ直角は「90」度なのか？

そぼくな疑問ですけど、なんで直角は「90度」なんですか？キリのいい数字なら100度とか50度とかでもいい気がするんですが。

いい質問ですね。その質問って**「『1度はこれくらい』って誰が決めたんですか？」**と同じですね。

その答えは、古代バビロニアの人が**「1周を360分割して、それぞれを1度にしよう！」と決めたから**。それを現代でも受け継いでいるんです。円の1周が360度だから、半分は180度。さらにその半分は90度になりますよね。

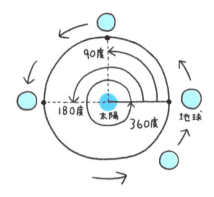

 じゃあ……その360はどこから来たんですか？

 1年が約360日だからです。地球は1年かけてゆっくりと太陽の周りをまわっているわけですけど、**太陽を中心としてみたときに地球が1日で動く角度を1度としたんです。**

 でも1年は365日ですよね？

 それはバビロニアの人たちもわかっていて、365日を1年とするかぞえ方を太陽暦といいます。それとは別に、月が地球の周りを1周するのに29.5日かかって、それを12回くり返すと354日。実は354日を1年とする文化は現代でもあり、こちらは太陰暦といいます。

360という数字は太陽暦と太陰暦の中間にあたるので、「これは都合がいい」と考えた人がいたんです。

 ほ、ほう。

「都合ってなんやねん」 という顔をされてますね（笑）。
古代バビロニアの人たちは私たちがふだん使っている10進法ではなく、60進法で数をかぞえていました。10進法は以前説明したように、1からかぞえて10までいったら1周と考えるかぞえ方。60進法は60までかぞえたら1周とかぞえる考え方です。

すると360という数字は60で割り切れる。
しかも、360って「7」を除く1ケタの数字のすべてで割り切れるんです。古代バビロニア人からすれば「めちゃくちゃキリのいい数字」だったんですよ。

おぉ。……**もしかして60分とか60秒もここからきてます？**

鋭い！　元はバビロニアの60進法で、角度の発明が先です。なぜなら秒を測る時計なんて古代にないですからね。このあたりの話は、補講の時計の読み方でもお話しします。

➡ 角度は360度以上ある

では、角度は0度から360度までということですね。

小学校ではそうなります。分度器を使って実際に図形の角度を測るときは0から360度しかないので。

ただし数学的には360度は超えていいんです。「360度で1周とする」というルールを決めたにすぎないので、**360度を超えたら「2周目に突入した」と思ってOK。**

なるほど。じゃあ……夜中1時のことを25時と呼んだりするのも同じこと？

似ていますよね。これもやっぱり「前日から延長の深夜1時ですよ」ということを強調するための書き方ですよね。たとえば深夜のサッカー中継で「土曜日25時キックオフ」と書いてあれば、「あ、夜更かしするのは日曜ではなくて土曜だな」ってすぐにわかりますから。

たしかに。

ちなみに図形で360度を超える角度がでてくるのは高校で三角関数を学ぶときです。だから小学校では触れないんですけど、360度を超えたら2周目に突入したことを意味すること知っておいて損はありません。
あとこれも小学校では扱いませんが、角度にはマイナスもあります。逆回転を表したいときに使います。

⇨ コンパス不要、完璧な円のかき方

さて、これまではまっすぐな辺とか平らな面しかない図形だけを扱ってきましたが、中学年になると丸っこい図形をひとつだけ扱うんですね。それが数学的にも超重要な円です。
円を学ぶときに必ずやってほしいのが完璧な円をかいてもらうことなんです。コンパスはあえて使いません。使うのはヒモとペンだけ。

アナログで（笑）。

円のイメージを体に浸み込ませてほしいんです。
ヒモとペンで円をかくには、ヒモの片方をペンに結び、もう片方を指先でつまんで、グッと固定します。そしてヒモがピンっと張った状態をキープしながら、ペンでゆっくりと円をえがいていくわけですね。

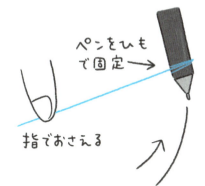

難しそう。

むしろ何度も失敗してほしい。するとだんだんコツをつかむはずです。**「ヒモを指で固定する場所がフラフラしたらきれいな円にならないな」「ヒモが緩んだらきれいな円にならないな」**。その気づきがめちゃくちゃ重要。

▶ 「どんな形を円というか」、説明できますか？

その作業に慣れたら、ようやく円の性質に触れていきましょう。まず、グッと指で固定したところ。これが円の「**中心**」です。
えんぴつでえがいた丸い線。これを「**円周**」といいます。
そしてヒモをつまんだところからえんぴつまでの長さ、これが円の「**半径**」。ヒモをピンと張ったときの長さであって、たるんだ状態ではないので注意してください。

そして半径2こ分の長さを円の「**直径**」。直径のことを古い世代は「差し渡し」なんて呼ぶこともあります。

差し渡し?

直径のイメージをつかむときに意外と役立つ表現ですよ。「差し渡す」とは、一方から他方へかけ渡すことをいうんですけど、直径ってまさにそんな感じですね。橋のイメージです。
このとき、**長さが一番長くなる橋のことを直径といいます。一番長い橋は、どの方向からでも必ず円の中心を通ります。**
ここで重要なことは「どんな形なら円というの?」という問いに対してどんなイメージを持つかなんです。

え……「きれいな丸」(小声)?

少しもの足りないかな。円の数学的な定義は**「平面上の、ある定点から等距離の点の集合」**なんです。でもこれを 3 年生にいってもわかってもらえません。だから先ほどの円をかいてみる体験が生きてくるんです。
「ここに円をえがくぞ!」と決めたら中心の点は絶対に動かさずに、ヒモをピンと張りながら線をかきましたね。
「きれいな丸だから円」よりも、「**ある一点(中心)から同じ距離だけ離れたところの点の集合を円と呼ぶ**」といえたら花丸です。

等距離がポイントだったんですね。

そう。本当に同じ距離なのかは実際に定規を使って測ってみるといいと思います。

半径って「半」という言葉の印象に引きずられてなんとなく「直径の方がエラい」と思っていましたけど、逆なんですね。「半径のほうがエラい」。

そのイメージも超大事。**半径が決まってこその円**なんです。

⇨ 円は三角形の集まり!?

 少しだけ高度な話になりますけど、円についてもうひとつのイメージを持ってほしいんです。**「円は三角形の集まりでできている」** というイメージです。
ちょっとピザで説明しましょう。
ピザって最初から 8 等分されていたりしますけど、ひと切れだけみると二等辺三角形っぽいじゃないですか。
ここでピザの二等辺三角形をもっともっともっと細長くしたらどうなるかを想像してみてほしいんです。

先ほど 360 度の説明をしたときに、古代バビロニアの人は 1 周を 360 分割すると決めたといいましたよね。あのイメージがちょうどいいかもしれません。**トンガリの角度が 1 度しかない二等辺三角形のピザを 360 切れならべたらどうなるか。**

 おぉ! ほぼ円ですね。

 このイメージができるようになると、のちほど円の面積の求め方を説明す

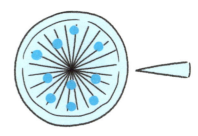

るときにすんなり理解できるようになるはずです。
次は、三角形と円の性質をもっと詳しく説明します。

LESSON 3 図形をグニョグニョ動かしてわかること

5日目 3時間目

図形のいろんな性質をさらに学んでいきます。ここで取り上げるのは線と線の関係、三角形・四角形・直方体の性質など。正多角形と円の関係も必読です！

➡ 2つの直線の特殊な関係　〜平行と垂直〜

私、図形で感動した話が2つあるんです。
1つが、**三角形で円がわかること。**
もう1つが、**三角形の3つの角度の合計が180°（度）になること。**
すごくないですか？　すべての三角形でそれがいえるんです。すべてにです!!

感動の押しつけがすごい（笑）。

最初は信じられなかったんですよ。「三角形の角度をすべてあわせると180°になりま〜す」っていう先生の言葉に。
それであらゆる三角形をつくって試してみたんです。

でも、**すべての三角形が180°になっていました。**
図形の神秘ですね。そんな感動ものちほどぜひお伝えしたいですね。

324

まずは「平行」「垂直」という線の関係性について話をします。次によく勘違いが起こりやすい「対角線」の話をしてから三角形の話に入ります。
そして、三角形が円になる話をしますね。

盛りだくさんですね。

大丈夫！ きっと感動するから。
さて、「平行」と「垂直」について。
平行とは、2つの直線がきれいに横並びになっている状態です。 いい換えると、**どれだけ直線を伸ばしても一生交わることがない関係**です。英語だとパラレル。

パラレルワールド。

そうそう。私たちの宇宙空間とは別に無数の時間軸を持った空間が存在するのではと天才科学者たちが本気で議論していますけど、私たちの世界とは交わらないから平行なんですね。

もうひとつの垂直とは、**直線と直線が直角に交わる関係のことです。** 90度ですね。数学者は「直交」と呼んだりもします。

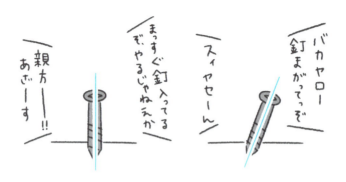

⇨ ズカズカ横切る「対角線」

 次は図形でよくでてくる「対角線」。対角線の定義はだいたいどの教科書や参考書でも、「向かい合った頂点を結んだ直線」と書いてありますけど正直、誤解を与えやすい表現だと思います。**実際にはどの角から線を結んでも対角線ですが、向かい合わないと対角線じゃないみたいになりますよね。**

 あ、違うんですね。そうだって思ってました。

 対角線の「対角」とは角（かく）の対（つい）、つまり頂点のペアのこと。だから**対角線とは単に「2つの頂点を結んだ直線」**なんです。「ただし、辺は除く」という条件がつくだけです。

対角線のイメージは図形を横切る直線。
たとえばまだ誰も足を踏み入れていない新雪が積もった地面を

想像してください。**対角線は、そのまっさらな雪面をズカズカ横切る感じ。**

「遠慮しらずの対角線」。 メモしました。

(笑)。そんな絵面を記憶しておくのもいいかもしれません。

ど〜んな三角形も、角を足し合わせると180°

さて、お待ちかね。次は三角形の非常に重要な性質です。三角形の3つの角の角度を足し合わせると必ず180°になります。どんな形の三角形でも絶対に180°。

完全に忘れてました(笑)。

実際に体験してみましょう！
紙を使っててきとうな三角形をつくってください。
そしてそれぞれの角の部分をちぎって並べてみましょう。

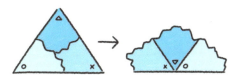

すると、**必ず180°、つまり直線になるんです。**

ありとあらゆる三角形で試してみてください。すべてそうなりますから。

ほんとだ。不思議だなぁ。

でしょ。体験が大事だといいましたけど、親、教育者にお願いです。もし、子どもが夢中になっているときは、そのままにしてあげてください。たとえ、バラバラになった紙がそこら中に散乱していても！

わかりました。娘がそうしていても、妻に怒らないように伝えます。

（笑）。実際に試して三角形が180°になることがわかりましたが、なぜそうなるか知りたいですよね。でも、中学生の内容ですので、証明の感動は中学生までおあずけになります。

証明は「中学数学」版でやりましたね。

⇨ 一番特殊な四角形は「正方形」!?

平行と直角を学んだので、ここで四角形の特殊ケースを解説します。「台形」「平行四辺形」「ひし形」の3つ。

- 四角形のうち、向かい合う1組の辺が平行の四角形を「台形」。
- 台形のうち、向かい合う2組の辺とも平行な四角形を「平行四辺形」。
- さらに平行四辺形のうち、すべての辺の長さが同じものを「ひし形」。ひし形には「向かい合った角の角度が同じ」「2本の対角線が垂直になる」という特徴もあります。

 台形、平行四辺形、ひし形ってそういう関係だったんですね！

 意外と知らない人が多いです。ここでいったん四角形グループをベン図で整理しておきましょう。

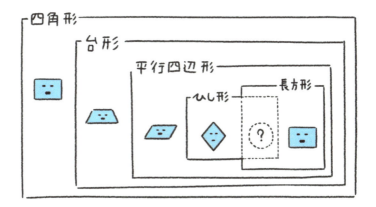

 長方形？　あ、長方形も2組の辺が平行ですもんね。

はい。ではここで質問です。長方形でもあり、さらにひし形でもある図形があります。さて、それはどんな図形でしょう？

え、え、え……？

正解は正方形です。正方形って実はめちゃくちゃ特殊で、台形でもあり、平行四辺形でもあり、長方形でもあり、ひし形でもある。たとえば、平行四辺形をかけっていわれて正方形をかいても正解です（笑）。

ど〜んな四角形も、角を足し合わせると360°

四角形の角度に着目しましょう。いま、紹介したどの四角形にもいえますが、**4つの角度をすべて足すと360°になります。**どれだけ変な形をした四角形でも必ず360°です。

おぉぉ!!

理由は先ほどの三角形の話がわかればかんたんです。
どんな四角形でもいいので、とりあえず対角線を1本かいてください。すると四角形が2つの三角形に分けられますね。

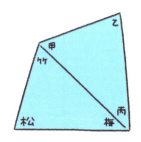

右上の三角形の角度は仮に甲、乙、丙にしましょうか。左下の三角形は松、竹、梅にしましょう。

表現が古い（笑）。

かりそめの記号なので、書き方はなんでもいいです。
四角形の4つの角度の合計は、2つの三角形の角度の合計です。
だから四角形の角度の合計は、「甲＋乙＋丙」と「松＋竹＋梅」を足したもの。つまり、「180＋180」で、360°です。

おお。あざやか！

⇨ 正多角形の角の数を増やすと見えてくる「あること」

多角形や正多角形の説明はすでにしましたが、小学校ではなぜか5年生でようやく説明するんですね……。それはいいとして、改めて正多角形の特徴をひとつ説明したいと思います。

図のように正三角形、正四角形（正方形）、正五角形と順番にかいていくと、なにか気づきませんか？

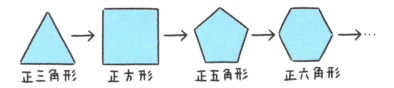

かくのがだんだん面倒になる。

それもありますね（笑）。ぜひ気づいてほしいのが、だんだん円っぽくなっていくことです。
たとえば正百角形なんてほぼ円です。

ということは正一億角形くらいにすればいいと。

 厳密には円ではないけど、限りなく円ですよね。

 ん？ じゃあ完璧な円にするには……。**あ、無限大……。**

 そう。ここでまた取扱注意の無限大と再会するので、これ以上は踏み込みません。ただ、少なくとも

「角の数をめちゃくちゃ増やしたら円に近づく」というイメージは小学生でもわかっていてほしいんです。この話は円の面積の求め方でもう一度します。

🡪 四角形を「動き」でとらえてみる

 四角形の特殊ケースについての補足になるんですけど、四角形って特殊ケースが多いから、**「動き」**でとらえると頭の整理がしやすいかなと思うんです。

 動きですか？

 変形といってもいいです。伸ばしたり引っ張ったりする動きのことです。
たとえば、正方形があるとします。これを**たて方向や横方向にビヨーンと引っ張ったら、辺の長さが変わって長方形**になるんですね。一方で、辺の長さはそのままで、**下の辺を左に、上の**

辺を右に引っ張ったら、全体が傾いてひし形になる。

このように図形を見たときに頭の中でこんな感じで自由に変形できるようになると、図形は得意になるんじゃないかな。

でもそれもやはりふだんから工作などをたくさんやっている子どもが強いですよね。

娘も工作でタワーっぽいものをつくろうとしてよく傾かせています（笑）。「補強を入れる」という発想に早く気づいてほしいんですけど、まだみたいですね。

でもそうやって失敗するのが最高の学びなんですよ。

➡ 立方体もグループ分けで整理整頓

いまタワーという話があったので、ここで立体図形の基本である直方体や立方体について、さっとおさらいしておきます。

少しでも「厚み」のある図形のことを立体といいましたね。立体の中にはボール状の球やピラミッドのような五面体もありますが、箱状の立体図形は六面体。**直方体とは六面体の一種で、すべての面が長方形でできた六面体を指します。**もちろん長方形には正方形も含みます。

ちなみに……直方体って、面と面は直角に交わらないとダメですか？　娘がつくるタワーは少し傾くんですけど。

それだと「すべての面が長方形」という条件には当てはまらないので直方体とは呼べません。ただ、向かい合う面がすべて平行なので、平行六面体といいます。長方形が平行四辺形の一種と同じで、直方体も平行六面体の一種です。

そういう図形もあるんですね。

はい。それで、直方体の中でもすべての面が正方形でできた特殊ケースが立方体というわけです。

いまの話をベン図で整理しておきましょう。

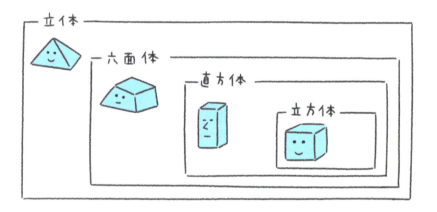

見えない世界を見る練習、「展開」「見取り図」

直方体を学んだら学校で必ずやるのが展開図をえがくことです。

方眼紙などに書くわけですけど、これのコツについては、「工作をたくさんやらせてあげてください」としかいえません。

いまさら工作をする暇がない受験生なら、ひたすら展開図の問題を解いて慣れるしかないですね。

そういえば私、ネットショッピングのヘビーユーザーなので毎週大量の段ボールを処分しないといけないんですね。その作業を手伝ってもらってもよさそうですね。

すごくいいと思います。
展開図と合わせて、斜め上からみた立体図形を描写する練習も学校ではやります。そういう図を**「見取図」**といいます。算数の教科書にえがかれている立体図形も基本的にすべて見取図でえがかれています。

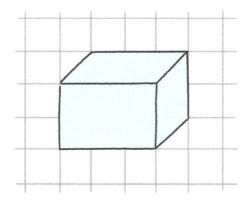

こういう図って違和感しかないのはなぜですかね。

リアルではないからでしょうね。私たちがふだん目にする**「リアルな絵」は遠近感や奥行きを意識した鳥観図（パース）でかかれるから自然に見える**んです。でも見取図はあえて遠近感を無視します。

見取り図をかく基本ルールは**「平行な辺は平行にかく」****「辺の長さが等しければ同じ長さでかく」**というもの。マス目の入った方眼紙を使うと比較的かんたんにかけます。ただ、仕上がりはどうしても人工的な絵になってしまうんです。

見取図をかけるようになってなにか得します？

直接的に役立つのは、頭の中にある立体図形を目に見える形にしたいときですよね。たとえば**展開図だけ見せられて「この直方体の体積を求めましょう」みたいな問題**もでます。そういうときはどの辺がどれくらいの長さかどんどんメモしていきたいから、見取図をサッとかけるといいですよね。

あとは**工作のときに、まず見取図で設計図をかいて、その寸法通りに紙を切ることができるようになる**かもしれません。

なるほど。

間接的に役立つとすれば、**目に見えない世界を考えるいいトレーニング**になりますよね。とくに見取図ではリアルな目線からでは見えない辺まで点線でかくことがあります。それには空間認識能力や想像力が必要です。

5日目

【幾何】「ひらめく」「妄想する」「楽しむ」図形の世界

図形の抽象的なアイデア

図形の基本が理解できたら、「図形の関係性」について学びます。小学校で教えるのは合同、線対称、点対称、拡大・縮小。とくに「三角形の合同条件」は受験でも役立ちますよ。

⇨ ピッタリ重なり合う図形

高学年になると「どんな条件のときにまったく同じ三角形になるのか？」を学ぶんですけど、これを**「三角形の合同条件」**といいます。

まずは「合同」の説明をしましょう。
日常生活で使う「合同」という言葉は「合同チーム」みたいにいろんな人が集まってひとつになるイメージですよね。でも図形の場合、**合同とは「ピッタリ重なり合う」**ことを意味します。ようは、**「形も大きさもまったく同じ」**ということ。

三角形を合体させるような作業を指すわけではない？

違います。**まったく同じ形なら「この２つの図形は合同だね」って使うんです。**

ということは……イコール？

ほぼ同じ意味ですけど数学的には表記のしかたが少し変わるんです。イコールは「＝」と2本線で書きますね。でも三角形Aと三角形Bが合同であることを式で書くときは「三角形A ≡ 三角形B」です。この記号は中学校で習います。

一本増えた。これパソコンでどう入力するんですか？

「ごうどう」と変換したらでてきます。「≡」は数学的にはいろんな使い方がありますが、図形では合同を意味することが多いですね。ちなみに海外では合同を「≅」と書くのが主流です。

⇨ 三角形の合同条件

それで覚えたいのが「三角形の合同条件」というものです。「**どんな条件がそろっていたら、2つの三角形がまったく同じ形、大きさだといい切れるか**」というもの。合同条件には3つあるんですけど、私はリズムで覚える派でした。こんな感じです。

> ① 「1辺と両端の角！」
> ② 「2辺とはさむ角！」
> ③ 「3辺！」

それぞれどういう意味か説明しましょう。

まず①「1辺と両端の角！」。
1辺の長さが決まっていて、その両端から他の辺が伸びていく角

度も決まっています。すると両端から伸びる辺同士は必ずどこかで交わるわけですが、交わるところは毎回同じになるんです。

 発射位置と角度が固定ですからね。

 そのイメージいいですね。このように、「どうやっても必ず同じ形と大きさになる条件」のことを、合同条件というんです。

次に②「2辺とはさむ角！」。

これはわかりやすいでしょう。2つの辺の長さが決まっていて、その2辺でつくる角の角度も決まっている。いま三角形の話をしているわけですから、あとやることは、頂点と頂点を直線で結んで、空いている辺を埋めるだけですね。それで毎回同じ三角形になると。

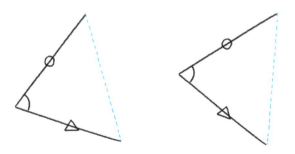

最後が③「3辺！」。

3つの辺の長さが決まっていれば、必ず同じ形と大きさの三角形になります。「本当?」と疑いたくなる条件なので、気になる人は実際に長さの違う3本のえんぴつで実験してみるといいと思います。どうやっても同じ形にしかならないんです。

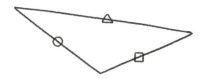 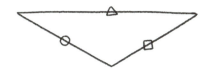

 ようは……3辺の長さが決まれば、3つの角度も決まる?

 そうです。そもそも図形を特徴づける要素って辺の長さと角度しかないんですね。**合同条件とは「この要素が決まれば、不明な要素もすべて決まるよね」という条件のこと**をいいます。
試しに「2辺の長さ」だけ固定して三角形をつくってみると、いろんな形がつくれてしまいます。なので「2辺の長さ」は三角形の合同条件とは呼ばないんです。

 そういうことですか。ただ、三角形の合同条件の知識って、いつ使うんですか?

 中学以降の数学で使います。たとえば大学受験の問題みたいに複雑な図形を扱うとき、「合同を見つける達人」になっていると圧倒的に有利です。**「あ、これとこれ合同じゃん。あ、これとこれもだ。ということはこの角度はこれだな」**みたいな感じで、図形の空白の情報がどんどん埋まっていくんです。

 そういうものなんですね。

はい。ただし、小学校の中学年くらいの段階で三角形に慣れ親しんでいない子どもは、この合同条件でつまるかもしれません。だからやっぱり遊びが大事。

⇨ 左右同じ形の「線対称」、回転させて同じ形の「点対称」

図形が持つ性質のひとつに対称性というものがあるんですね。英語だとsymmetry（シンメトリー）。「対象」と書き間違える人が多いので注意してください。
図形に対して**「ある特定の操作」をしたとき、まったく同じ形になるとき「この図形は対称性を持つ」**といいます。

じゃあ、対称性を持たない図形もあるということ？

もちろんたくさんあります。対称性を持たないことは非対称性（アシンメトリー）といいます。

あ、その言葉、ビジネス書で見たことがある。「情報の非対称性」がどうたらとか。

片方が持っている情報を相手が持っていないことをいいますよね。だから「対称」という言葉を見たら「同じ」をイメージしてください。「あれ？　図形をいじったはずなのになぜかまた同じ形になったぞ」と驚いている感じで覚えるといいかもしれません。

じゃあ、「いじる」がポイント？

そうです。このいじり方、数学的には「変換」や「操作」といったりしますけど、3種類あります。**「折りたたむ（あるいは『ひっくり返す』）」「回転させる」「平行移動させる」の3つ。** 小学校で習うのはそのうちの「折りたたむ（あるいは『ひっくり返す』）」と「回転させる」です。

> 折りたたんで左右同じ形になるのが「線対称」
> 180°回転させて同じ形になるのが「点対称」

⇨ 線対称は「鏡」のイメージ

改めて「線対称」はなにかというと、図形のどこかに直線の折り目があって、その折り目で**図形をパタンとたたんだらぴったり重なる図形**のことを「線対称を持つ」と表します。そしてその折り目を**「対称軸」**と呼びます。たとえばこんな図形です。

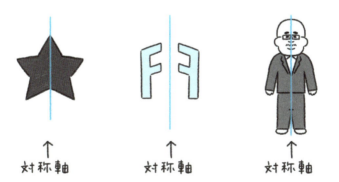

小学校では「ひとつの図形を折りたたむ」という操作しか紹介しないんですけど、複数の図形の関係性を示すときに線対称を

使ってもかまいません。

ちなみに立体図形に線対称ってあるんですか？

いい質問ですね。小学校の範囲を超えるのですが、立体になると呼び方が変わります。「左右同じ形」という部分は線対称と同じですけど、**立体では対称「軸」が対称「面」になり、なおかつその対称性は「面対称」と呼びます。**

あぁ、呼び名が変わるんですね。じゃあこの本に入れるのはやめます？

いや、ただですね、英語だと線対称も面対称も reflection symmetry って呼ぶんです。日本語だと「反射対称」とか「鏡面対称」とかいろんな訳がありますが、ようは「鏡」のイメージ。こっちのほうが理解しやすい子どももいそうなんですよね。

子どもを鏡の前に立たせて「君と鏡の向こうの君は反射対称だね」って教えたり、折り紙の上に垂直に鏡を置いて、いろんな線対称をつくらせたり。

鏡が対称軸であることもイメージしやすいですよね。

ですよね。たしかに算数のように、平面かつ、ひとつの図形しか扱わないなら、「折り紙と折り目」というイメージが一番わかりやすい。でもそのイメージが強すぎると三次元や四次元の話になったときに混乱しないかな、という懸念は少しだけあります。

四次元もある？

はい。四次元でも反射対称性ってあるんです。さすがに大学レベルなので触れませんけど（笑）。

それで、線対称の図形には必ず次のような特徴があります。

> **ここが ポイント！**〈線対称図形の特徴〉
> ・対応する2つの点を結ぶ直線は、対称軸と垂直に交わる
> ・上記の交わる点から対応する2つの点までの長さは同じ

⇨ 点対称は「ピン留め」のイメージ

「点対称」も改めて説明すると、**ある一点で図形を180°回転させたときに同じ形をしていたら「点対称」**といいます。そのときの一点のことを「**対称の中心**」とか「**対称点**」と呼んだりします。

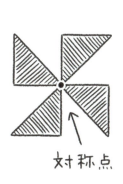

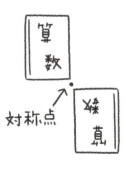

線対称のときと同じで、2つの図形の関係が点対称である、という使い方もします。点対称には次のような特徴があります。

> **ここが ポイント！**〈点対称図形の特徴〉
> 対応する2つの点を結ぶ直線は、対称点を通り、対称点で2等分される

345

ちなみに点対称の英語は point symmetry なので、これはもう「ピン留め」のイメージが圧倒的におすすめ。**コルク板などに紙でつくった図形を画びょうで刺して、図形をクルクル回してみてください。**点対称になるようにつくったはずでも、ピンを打つ位置がずれると点対称になりません。

家にアルファベットのシールがあるんですけど、それも使えそうですね。

いいですね、それ！　子どもにどれが線対称か、どれが点対称かを考えてもらうのがベストだと思います。

少しトリビアとして説明すると、**点対称のように図形を一定の角度に回転させたら対称になるものは、すべて「回転対称」と呼びます。**点対称って回転対称の中でも180°の回転に限定した特殊ケースにすぎないんです。

たとえば正三角形って180°の回転だと同じ形にならないけど、60°回転させると同じ形になるんです。だから正三角形は点対称とはいわないけど、回転対称ではあるんです。

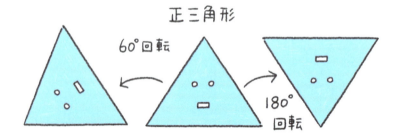

⇨ 間違えやすい「拡大」と「縮小」

図形同士の関係を示すものの中で、小学生にとって難敵だと感じているのが、「**拡大**」と「**縮小**」です。言葉としては子ど

もでも使うかもしれませんけど、それが逆に罠なんです。
たとえば「正方形を2倍に拡大した図をかきなさい」といわれたときに、たてや横にビヨーンと拡大させる人がいるんですけど、それは「拡大」とはいいません。

でも面積を2倍にするならビヨーンのほうがやりやすくないですか？

そもそも「面積」の話ではないんです。**拡大や縮小の「倍率」って「辺の長さ」のこと**なんです。

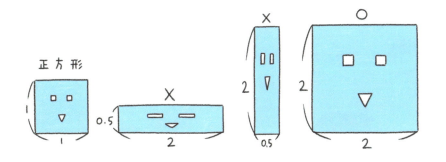

4日目に、代数で割合をマスターしましたね。図形のすべての辺を、同じ割合で長くしたり、短くしたりして、すべての角度は同じ角度を維持する。それが「拡大」「縮小」です。

だから1辺10cmの正方形を「2倍に拡大」したら、1辺20cmの正方形になり、面積で換算すると4倍になるんですね。10cmの正方形、4つ分ですから。

教科書的には「もとの形を変えないで」と書いてありますけど、形変わったじゃないですか。

そこがまぎらわしいんです。**算数の世界で「形」と「大きさ」は別物です。**ここが超重要。
1辺1cmの正三角形と1辺100mの正三角形は「同じ形」です。なぜなら、3つの辺の長さの比（1：1：1）は同じで、なおかつ3つの角度が同じだから。

「形」を変えずに、「大きさ」だけ変えたものが、「拡大」や「縮小」ということ？

そう。そして**ある図形を拡大や縮小したら、その2つの図は「相似」の関係といいます。**でも「相似」って中3まで教えないんです。中学数学の本でやりましたよね？

あ、星野源さんのたとえですね。英語だとsimilar（シミュラー）。

はい。日常生活で「似ている」というと「あの人、星野源さんに雰囲気が似てるね」みたいな使い方をしますけど、数学の「相似」は「どうみても星野源さんなんだけど小さいよね」みたいなことをいうと。でも小学校では「相似」を教えずに、「拡大」と「縮小」だけを教えるんです。少し中途半端なんですね。

むしろ「合同」を教えるなら「相似」も教えたほうが頭の整理

がしやすいと思うんです。こうやって整理できますからね。

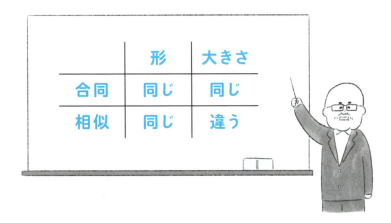

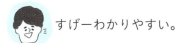
すげーわかりやすい。

LESSON 5 パズルのように解ける！面積の求め方

5日目 5時間目

「大きさを知りたい！」という願望こそ、幾何学を発展させた最大のモチベーション。いままで学んだ図形の性質を活用しながら、まずは平面の広さ（面積）の求め方をマスターしましょう。

⇨「長さに基づいて広さを決めちゃおう」が面積

さて、これまでさまざまな図形の性質を説明してきましたが、ここからは広さを表す「面積」と空間の広さを表す「体積」の話をしましょう。

面積も、体積も、実は直接、測れるものではありません。

そういわれてみるとそうですね。

でも広さや空間の広さは知りたい。そこで昔の人が、**「長さなら測れるから、長さに基づいて広さを求めてしまおう」**といってつくられたのが、面積や体積なんです。

へえ～～～。

で、先に結論から伝えておくと、これが小学生が最初に習う、**長方形の面積の求め方**です。

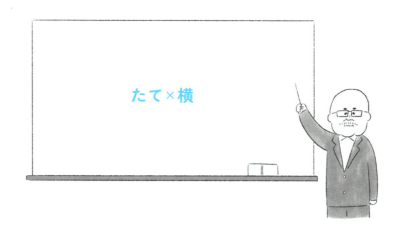

四角い平面の広さの求め方さえ理解すれば、どんな形がでてきても基本的にその応用になります。

これ、誰かが「たて×横＝面積」って発見したんですか？

発見ではなく誰かがそういうルールに決めただけなんです。**「広さを数字で表したい。数字で表せれば記録に残したり、比べたり、いろんな計算ができるから絶対に便利だな。じゃあ長さを使って面積という新しいアイデアを導入しよう。計算方法はこうしよう」**と。

賢い人がいたもんだ。
でも誰かのひらめきがこうして普及したことも不思議です。「お前、なにいってんだよ」って批判されなかったんですかね。

数学全般にいえることですけど、新しいアイデアに対して「お、それいいね！」と賛成する人がいて、みんな同じルールに従っていたら不都合は起きないです。

だから極端な話、**明日から「私の身長を1ニシナリと**

する」と宣言したっていいんです。「あの建物、5ニシナリだな」っていえば、友人・知人だったら「だいたいこんくらいかな」って想像できるわけです。

誰も「いいね！」をしなかったら広まらないだけ。

そう。それで「面積」というアイデアはみんなが「いいね！」をして、それが幾何学として発展して、いまの高度な文明があるんですね。

逆にいえば、そういったイマジネーションの産物を自由に操ることができるのが人間の強みだし、算数を通してその訓練をしているんです。

➡ 「面積はかぞえあげているだけ」ってどういうこと？

さて、面積は「たて×横」だといいましたが、実はこれ、**かぞえあげているだけ**。体積もそうです。

かぞえあげる？

そうなんです。まずは単位の話からしますね。
ここでひとつ覚えないといけないのは、長さにcmやmなどの単位があるように、面積にも単位があるんです。

もし、たてや横の長さをcmで測ったのであれば、**面積の単位は**

cmの右上に小さく2を書いた、cm²と書きます。
mで測ったらm²だし、フィートで測ったらft²です。

この「cm²」とはなにかというと、「cm×cm」という意味にすぎません。中学で習う「累乗」です。「cm×cm」と書くとダサいから省略形で書いたものと思ってもらえばOKです。

はい。

ここでカギを握るのが分割です。
たて3cm、横5cmの長方形に、1cm単位のマス目があると想像してください。そのマス目で
長方形をバラバラに分割してみます。

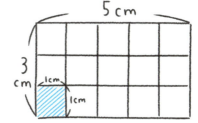

めちゃくちゃ細かくなりましたね（笑）。

このバラバラのマス目の大きさが1cm²なんです。だから「3（cm）×5（cm）」の長方形の面積とは「1cm²がなんこあるか」と同じ。1cm²のマスがたてに何こ入るかだけ注目すると、3こですよね。長さが3cmですから。

そして、その3こずつの列が何セットあるんでしたっけ？

5cmなので、5セット。

ですよね。だから1こ、2こ、3こ……と全部かぞえなくても、**たて方向に何こ、横方向に何こ入るかをみて、それを掛け算すれば全体の数を計算できます。**

くり返しますが、いまやった計算は 1 ㎠のマスが長方形の中に何こあるかを計算していたわけですね。「面積を計算するぞ!」というノリではなかったと思います。

あぁ、だから「かぞえあげる」なんですね。

そう。そのイメージをしっかり持ってください。
このように、**図形の面積を求めるときは「面積の基本単位となる正方形（今回は 1 ㎠）が何こあるか」という考え方をするんです。**

他にも面積の計算をしてみましょう。
一辺の長さが 4㎝の正方形の面積はどう計算しますか？

「4 × 4」だから 16㎠。

正解。ちなみに正方形はたての長さと横の長さが同じですから、**「1 辺 × 1 辺 = 面積」**と考えてもいいです。

ただ、いまの話はすでにある公式（たての長さ×横の長さ）に数字をあてはめただけですね。テストの問題を解くときはそれでいいんですけど、「なぜそういう式になるのか？」ということも理解しておいてほしいと思います。

⇨ 面積の基本単位とは？

「基本単位ってなに？」と子どもにいわれたら、どうすればいいですか？

割り算、分数、割合で説明した基準となる数のこと。つまり、**いくつあるか数えるときの「1」にあたるもの**です。たとえば部屋の広さを示す6畳や8畳といった表現は、基本単位が1畳ですよね。「畳が何枚入るか」で部屋の大きさを表していると。図形の面積も同じで、使う基本単位は1c㎡だったり、1㎡だったりするわけです。

ということは、たとえば10c㎡を基本単位にしてもいいわけですか？

もちろんいいです。一般的によく使われるのがc㎡や㎡というだけ。ちなみに皮製品の業界では100c㎡のことを1ds（デシ）と呼んで、使っているそうです。

では基本単位を1㎡（1平方メートル）に変えてみます。1辺が1mの正方形の面積は1㎡です。
c㎡はものさしを使う世界でしたけど、mはメジャーなどを使う世界。ちょっと大きなものを計測するときに使います。

ここで学びたいのが、単位の変換です。**「1㎡は何c㎡ですか？」**という問題は解けますか？

うっ……。

大人でも迷う質問ですよね。いきなり解こうとするのではなく、先ほどみたいに分割のイメージを持つと難しくありません。**「1㎡の正方形の中に、1c㎡の小さな正方形は何こありますか？」**という質問に置き換えてみればいいんです。ここで必要になる知識はmとc㎝の変換です。1mは何c㎝ですか？

355

100cm。

そう。100倍です。日常生活でも身長を 1.4m と書いたり、140cm と書いたりすることは経験で知っているので、子どもでも長さの変換はできる子は多いと思います。

それをふまえて 1㎡ の正方形をイメージしてみましょう。1辺の長さが 1m なので、まずはこれを cm に変換しましょう。1m は 100cm ですから、たてにも横にも 100 こ分割すればいいわけです。手でかぞえるのはもはや無理。でも私たちは掛け算という強力な武器を持っていますよね。

「100 × 100」だから……ゼロが 4 つ。1 万です。

はい。答えは 10000cm²。
1㎡ は 10000cm² でもあるんです。

いきなり数字がでかくなるんですね。

そのイメージも大事です。長さの変換では 100 倍で済んだものが、面積の変換になると 10000 倍になる。なぜかというと 100 倍をさらに 100 倍したからですね。

ここが ポイント！〈ほかにもある面積の単位〉

1辺が10m　　100㎡ = 1a（アール）
1辺が100m　 10000㎡ = 1ha（ヘクタール）
1辺が1km　　1km²（平方キロメートル）= 1000000㎡

⇨ 1分でわかる「平行四辺形」の面積

「たて×横＝面積」というスゴい呪文をゲットしたところで、**「平行四辺形」「三角形」「台形」「ひし形」の面積をやっつけていきたいと思います。**

公式、だいぶ忘れてます。

いまからする説明を理解できれば、公式なんて覚えていなくても大丈夫です。やることは2つです。もう1分でわかりますよ。

> **ここが ポイント！〈面積の求め方〉**
> 「形を変える」「呪文を唱える（「たて×横」）」だけ

そんなにかんたんなんですか。

はい。平行四辺形を見てみましょう。
平行四辺形は長方形の上下の辺を逆方向にひっぱって傾いたような形をしていますけど、実は**面積の求め方は長方形とほぼ同じ。**平行四辺形の図の部分を切り取って形を変えます。場所を変えただけなので面積は変わりません。

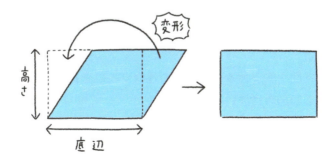

あ、長方形だ!

そうなんです。あとは呪文「たて×横」で終了。
ちなみに、教科書の公式ではこのように書かれています。

> **ここが ポイント!〈平行四辺形の面積の公式〉**
> 平行四辺形の面積＝底辺×高さ

「底辺」と「高さ」。新しい用語ですね。

はい。「底辺」とは4つの辺のどれか1つのこと。**「底」と書いてあるので図の下側にある辺が底辺なのかと勘違いしがちですが、実はどれでもかまいません。**
ただし、いま自分がどの辺を底辺とみなしたかは問題を解くときにちゃんと意識しましょう。なぜならどこを底辺とみなすかが決まって、はじめて「高さ」が決まるからです。

「高さ」とは、底辺から垂直に線を伸ばし、底辺の反対側にある辺と交わるところまでの長さのことです。

高さといったら普通、「一番長いところ」を高さっていいません?**「東京スカイツリーの高さ」が幅のことだったら納得できない(笑)。**

地面を底辺とみなす現実の建物や人の身長はそうですよね。でも図形の世界に重力はないので、**どこが底辺かという決まりはありません。**そもそも図形をくるくる回転させてもいい世界ですから。

なるほど。

それで平行四辺形の面積は「底辺×高さ」といいました。でも実は「底辺」とは長方形でいえば「横の長さ」のことで、「高さ」とは「たての長さ」のことです。

本当だ。

⇨ 1分でわかる「三角形」の面積

次は三角形の面積の求め方をやりましょう。
先に公式をいうとこうです。

> **ここが ポイント!**〈三角形の面積の公式〉
> **三角形の面積＝底辺×高さ÷2**

底辺はどこでもいいんですか？

どこでもいいです。そして底辺とみなした辺から垂直に線を引き、反対側にある頂点までの長さを「高さ」といいます。一番長いところを「高さ」にする必要もありません。
三角形でも先ほどと同様、「形を変えて、呪文」で求めちゃいましょう。三角形を2倍に巨大化します。

おっ……。**これ平行四辺形ですね。**

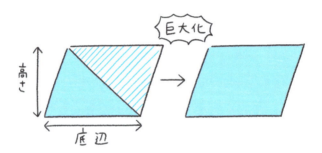

 そうなんです。**どんな三角形でもふたつ並べると必ず平行四辺形になります。**……ということは？

 平行四辺形の面積の求め方をして、「÷2」をすれば三角形の面積が求まるわけですね。

 正解です。

 おお。パズルみたいで面白い！

 面白いですよね。公式を丸暗記すると「いくつで割るんだっけ？」とか「2で掛けるんだっけ？」みたいに混乱する可能性がありますけど、理屈がわかっていれば、実は公式を覚える必要なんてないんです。

➡ 1分でわかる「台形」の面積

 この勢いで今度は台形の面積に挑戦しましょう。
さて、今回も公式を導くために巨大化します。

 同じ形の台形がとなり合っていると思えばいいんですね。

そう。やる作業も一緒です。すると、これまた平行四辺形になるというミラクルが起きます。

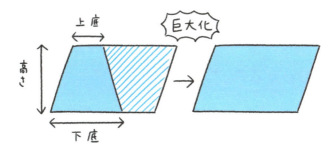

 本当だ!

 また「底辺×高さ÷2」の公式が使えそうな気がしますが、巨大化した**平行四辺形の底辺って台形の上の辺(上底)と下の辺(下底)を足した長さ**なんですね。

だから**「底辺」を「上の辺＋下の辺」として、高さを掛けて平行四辺形の面積を計算する。その計算結果を2で割ったら、台形の面積がでるわけです。**

 おぉ! 早い!

 公式をおさらいしておきましょうか。

> **ここが ポイント!**〈台形の面積の公式〉
> **台形の面積＝(上底＋下底)×高さ÷2**

361

この「上底＋下底」はどの辺でもいいわけではなく、平行な2辺を選びます。
そして「高さ」に関しては平行四辺形や三角形と同じ発想で、上底と下底に垂直に交わる直線の長さのことです。

➡ 1分でわかる「ひし形」の面積

1分でわかる面積の最後は「ひし形」。
ひし形は2パターンの解き方を知っておきましょう。
ひとつは、**平行四辺形のように解く方法**。ひし形は平行四辺形の一種なので「底辺×高さ」の公式は当然使えます。ただ、底辺（ひし形の一辺の長さ）や高さがわかるとは限りません。

ふむふむ。

底辺や高さがわからないときに使うのが、**対角線を使って解く方法**。
まずは形を変えます。巨大化（×2）して、三角形に分解。長方形を2つ並ぶように組み合わせます。
あとは呪文「たて×横」を唱えて、「÷2」して終了。

これを公式にするとこうなります。

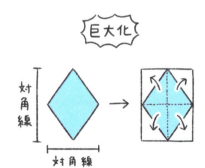

ポイント！〈ひし形の面積の公式〉

ひし形の面積
＝一方の対角線の長さ×もう一方の対角線の長さ÷2

➡ なぜ、円周の長さは直径の3.14倍か

 さあ、いよいよ面積も佳境に入ってきました。平面図形の面積で最後にあつかうのは円です。

ただ、円の面積の話をする前に、大事なことを学ばないといけません。それは**円周の長さの求め方**。円の外側の線はまっすぐなところがひとつもありませんが、その長さを計算する方法はちゃんとあるんです。

 巻き尺ではかる？

 それも正解です。でも、たとえばまだ設計段階で円が存在しないケースもありますよね。想像の世界で円周を求めないといけない。そのときに使うのが次の公式です。

ポイント！〈円周の長さの公式〉

円周＝直径×円周率（π）

円周率のことは中学以降、π（パイ）と呼ぶので、小学生のうちから覚えておいてもいいと思います。

 そういわれてみると……円周率っていったい何者なんですかね？

円周率は約 3.14 で、延々と続く数字です。
昔の数学者は円周率を手で計算していたわけですが、現代ではコンピュータに計算させています。いまのところ世界記録はグーグル社が 2022 年に記録した 100 兆ケタ。

100 兆！

ロマンがあるのか、電気の無駄使いなのかよくわからない世界になっていますけど、とりあえず延々と続くと。

どこかで割り切れると思って計算しているわけじゃないんですか？

小数点以下が延々と続く数字を無理数といいますが、円周率が無理数であることは 250 年前くらいに数学者が証明しています。

そうなんですね。それなら電気の無駄使いだ（笑）。

意味がないとはいわないですけど、そこまで精度を高めなくても人類は宇宙にロケットを飛ばせているし、ましてや日常生活で困ることはないので、**円周率といえば約 3.14 と覚えておけば十分です。**
そもそも円周率とは何者かという話、こっちのほうが重要です。

それが知りたいんです。

円周率（π）とは「円周が直径の何倍かを表す数字」です。
図をみるとイメージがつかみやすいですけど、円が針金ででき

ているとして、その針金の一カ所を切って、まっすぐな直線にしたら、確実に直径よりは長いですよね。

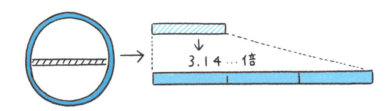

 長いですね。

 どれくらい長いでしょうか。
直径2本分よりは長そうです。直径3本分はどうだろう。微妙なところですね。**では実際にどれくらい長いのかといったら約3.14倍なんです。**

 それはどんな円でも？

 そう。**小さい円だろうと大きい円だろうと円周は直径の約3.14倍。**これを昔の人たちが発見したわけです。

⇨ 小学生もわかる！　円周率が3より大きい理由

 昔、東大入試で「円周率が3.05より大きいことを証明せよ」という問題がでたことがあるんですけど、**「円周率は3より大きい」という説明なら小学生でも理解できます。**

 それは知りたいです。

1辺が0.5の正三角形を図のように6つ並べます。すると正六角形ができますね。次に、正六角形の頂点と接するように円で囲みます。この円の半径は正三角形の1辺と同じですから0.5。つまり直径は1になります。

いまはあえて単位をつけていませんが、cmやmで考えてもかまいません。

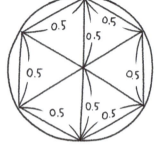

はい。

ここで正六角形の外側の線に注目してください。カクカクした円の円周といってもいいですけど、長さはいくつですか？

長さ0.5の辺が6つあるから3ですか。

そう。つまり、正六角形を円に見立てるとしたら、直径が1のときに、その外周はその3倍になるということ。円周率でいえば3です。
でも、実際の円は一切カクカクしていませんね。正六角形のように近道を使うズルはしていません。ということは、**円周は3よりも長くなるはずです。**円周が3よりも長くなるということは、円周率も3より大きくなるということ。

おお！

すごくかんたんな説明をしただけですけど、いまの理屈がわかるだけでも「3.14」という数に少し血が通うと思うんです。

ちなみに、円周率が3.05より大きいことを証明するには、円に

366

内接する正十二角形の面積を、高校数学で習う三角関数を使って求め、3.05より大きいことを証明できればいい。

じゃあ「円周＝直径×3.14」という公式でもいいのでは？

計算するときはそれでもいいんですよ。でも公式というからには正確性が求められるので、円周率やπと書いたほうが正確ですよね。特に円周率は永遠に続く数字ですから。

数学の世界には、決まった数字を独自の文字や表現方法で示すものがたくさんあります。それらは**「数学定数」と呼ばれていますが、πはその代表的なもののひとつです。**

ピザでわかる！　円の面積の求め方

長方形の面積の求め方と、円周の求め方を学んだことで、ついに円の面積を求められるだけの算数力が身につきました。
ここではあえて円の面積を求める公式を先に発表せず、一緒に公式を導きだしていきたいと思います。

まず考えたいのが、円の説明で登場した100分割のピザです。これを、図のように開いて、横にまっすぐ並べます。

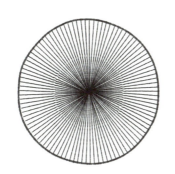

すると**限りなく二等辺三角形に近い超極細のピザの切れ端が100枚並ぶ**わけですね。二等辺三角形の底辺は厳密には丸みを帯びていますけど、さすがに100分割するとほぼ直線にしか見えません。

メザシみたい（笑）。

そのイメージもいいですね（笑）。下の部分は横とつながっているけど、上は三角形の頂点なのでつながっていません。

ここで補助線を足してみると、図のように横長の長方形ができます。長方形の面積はもうお手のものですね。

たて×横！

OKです。ではこの長方形のたての長さってなんですか？

うーん……。あっ、もしかして半径？

よく気づきました！**「ほぼ半径」**です。
では横の長さはどうですか？

え……切れ端の幅の100こ分ですよね。でも切れ端の幅がわからない……。

それなら長方形全体を見てみましょうか。この長方形はもともと円だったものを広げたものでしたよね？

あ、もしかして円周?

 正解! 今回は「ほぼ円周」ですけど、そういうことです。
円周の長さは「円周＝直径×円周率」でしたよね。
ということはこの長方形の面積は「半径」と「直径×円周率」を掛けたものになります。

ただし、長方形は私が補助線を足してかいただけなので、私たちが知りたい円の面積と同じではありません。そこでひとつひとつの二等辺三角形にクローズアップしてみましょう。
するとなにか気づきませんか?

 あ、半分だ。同じ形の三角形が上下反転して並んでいます。

 はい。補助線をかいてできた三角形と元の三角形は合同なので、「長方形の面積の半分」が「二等辺三角形の面積の合計」、つまり「円の面積」になるんです。
先ほど求めた長方形の面積を半分にしましょう。

> 円の面積＝長方形の面積÷2
> 　　　　＝半径×直径×円周率÷2

このままでも公式として成り立ちますが、直径は「半径＋半径」でもありますから、そう置き換えて、すっきりさせましょう。

> 円の面積＝半径×（半径＋半径）×円周率÷2
> 　　　　　　分配法則
> 　　　　＝（半径×半径＋半径×半径）×円周率÷2
> 　　　　　（半径×半径）が 2 つあるから
> 　　　　＝ 2 ×（半径×半径）×円周率÷ 2
> 　　　　　　2÷2＝1 で 2 が消える
> 　　　　＝半径×半径×円周率

これが円の面積を求める公式です。

ここが ポイント！〈円の面積の公式〉
半径×半径×円周率＝円の面積

おお！ なんで半径と半径を掛けるんだろうとは思ってましたけど、実は半径と直径を掛けて 2 で割ったら「半径×半径」になるということだったんですね。いやぁ、知らなかった。

はい。もちろんいま説明で使ったピザは正百角形ですから厳密には円ではありません。ただ、いまの式の求め方は正一万角形でも、正一億角形でも同じ。円をどんどん細かく分割していけば、そのすき間は 0 に近づくんです。

では、面積はこのあたりにして、次は体積にいきましょうか。

5日目

【幾何】「ひらめく」「妄想する」「楽しむ」図形の世界

LESSON 6 おもしろいように解ける！体積の求め方

5日目 6時間目

面積の求め方さえわかれば、体積の求め方はそう難しくありません。「**基本単位がいくつ入るか**」という基本を忘れずに、体積の求め方をいっきに覚えてしまいましょう！

⇨ 体積とは「空間の広さ」

平面図形の面積が求められるようになったので、次は立体図形の体積の計算方法を学びます。

「体積」って子どもにどうやって説明すればいいんですかね？ 英語だと Volume（ボリューム）ですけど、これもなんだか抽象的な言葉で。

教科書では１年生から「水かさ」という言葉を教えるので、体積についても「もののかさ」という表現を使うんですね。

液体の量のこと？

そう勘違いしますよね。どれだけの液体を入れられるかをさす言葉は、別途「容積」という言葉があるんです。
だから体積の説明で「かさ」という表現を使うのは少し危険かなと思います。単純に**「空間の広さ」**でいいと思います。

たとえば、**同じ床面積の部屋でも、天井がものすごく高い部屋なら「空間の広さ」も大きくなる。**まずはそんなイメージを持ってもらえるといいかなと。

面積は面の広さ、体積は空間の広さ。なるほど、OK です。

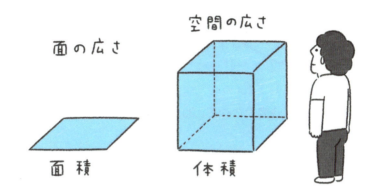

単位の話をすると、**1 辺が 1cm の立方体の体積は 1cm³（1 立方センチメートル）** といいます。

今度は 3。

はい。長さを示す単位の右上に 3 と書いてあったら、体積の単位だと思ってください。長さの種類だけ体積の種類もあるわけですが、日常的に使うのは cm³ か m³ でしょう。

今度は「立方」なんですね。

これも特殊な呼び方で、体積を示すときは「センチメートルの 3 乗」とはいわず、「立方センチメートル」と呼びます。

🠖 直方体の体積は、基本単位が「何こ入るか」

 直方体の体積から説明すると、**面積のときと同様、「基本単位が何こ入るか？」と考えることが基本です。**

立体図形の基本単位は、長さの単位がcmなら「1辺が1cmの立方体」。つまり1cm³。**これが何こ入るかを示した数字が体積です。** 1cm³の立方体が100こ入る空間なら、「100こ×1cm³」で、100cm³になると。

ただし1cm³の立方体が何こ入っているかは、面積のときよりもかぞえるのが大変。だからここでも便利なアレを使います。

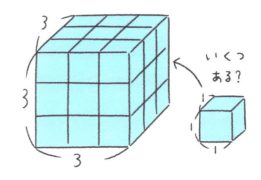

 掛け算。

 そう。まずはひとつの面に注目しましょう。**慣れないうちは、底の部分の面に注目してください。底に該当する面のことを底面といいます。** そして底面に1辺1cmの立方体がたてに何こ、横になんこ入るかを考え、それを掛け算します。ようは底面の面積をまず計算するんです。

そして次に、直方体の「高さ」に注目して、またしても1辺1cmの立方体が何こ入るか考え、先ほど求めた底面の面積に掛け

算をすれば、直方体に1cm³の立方体が何こ入るのかを求められます。

直方体の体積を求める公式はこうなります。

> **ここが ポイント！〈直方体の体積の公式〉**
>
> **直方体の体積=底面の面積×高さ**
> 　　　　　　**=たての長さ×横の長さ×高さ**

立方体の場合はたても横も高さも同じ長さなので次のようになります。

> **ここが ポイント！〈立方体の体積の公式〉**
>
> **立方体の体積=1辺の長さ×1辺の長さ×1辺の長さ**

このように、体積を求めるときは「cm×cm×cm」という計算をします。だから単位がcm³になるんです。

> **ここが ポイント！〈1m³をcm³に変換〉**
>
> 1m³をcm³の単位に換算したいときは1辺1mの立方体をイメージし、その辺の長さをcmに換算すればいい。1mは100cmなので、1辺100cmの立方体の体積は100cm×100cm×100cm。答えは1000000（100万）cm³。仮に1辺1mの立方体の段ボールに1cm³の角砂糖をきれいに収納したら100万こ入る計算になる。

⇨ どれが「たて」で、どれが「高さ」？

いまの公式なんですけど、**立体ってどこが「たて」で、どこが「高さ」か迷いません？**

数学的にはどの辺をどのように呼んでもかまいません。でも、迷うのであれば先ほど私が説明したように、自分の目線を基準に考えるといいでしょう。

「たて」は一般的に手前から奥（前後）の方向を指します。だから「たて」のことは「奥行」といったりもします。
「横」方向は文字通り左から右。「幅」と呼ぶこともありますね。木材みたいな長いものを扱う業界だと、一番長い辺を「長さ」と呼ぶこともあります。
「高さ」は一般的に上下方向のことで、あまり高さがないものは「厚み」と呼んだりしますよね。

たしかに表現はバラバラだ。

そもそも**直方体の体積って、「ひとつの頂点に交わる 3 本の辺の長さを掛けたもの」**と定義してもいいわけですよ。

あ、そっか。味気ないけど、そうですね。

教科書では算数の知識と現実をひもづけるために「たて」「横」「高さ」といった言葉を使っているだけで、その言葉にとらわれる必要はありません。

ただし、方向を意識せずに体積の計算をすると、誤って「たて×

たて×高さ」みたいなミスをする可能性もあります。そういうミスをしないためには、**「この方向がたて、この方向が横。ということは残りのこの方向が高さ」** みたいに、計算する人がちゃんと方向軸を意識していたほうがいいですよね。

 納得しました。

角柱、円柱の体積がサクッとわかる

 直方体の体積の求め方は、ほかの立体図形にも応用できます。算数でカバーするほかの立体は、角柱と円柱だけです。

角柱も円柱も、文字通り柱のような形をした立体図形で、その**違いは底面の形**です。底面が三角形なら三角柱、四角形なら四角柱（あるいは直方体）、五角形なら五角柱、そして円なら円柱です。

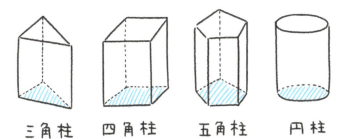

 わかりやすくていいですね。

パーツの名称として覚えておきたいのは、柱の横の面。本当の柱であれば人間が触ることができる面のことを「側面」といいます。角柱なら側面は平面ですし、円柱なら側面は丸みを帯びた曲面になります。そして角柱や円柱の「高さ」とは、柱を見たときにイメージする通り、底面から底面までの長さです。

上の面も底面っていうんですか？

「天面」とか「上面」みたいに呼びたくなってしまいますけど、数学的には底面と呼びます。角柱や円柱の体積の求め方は直方体とまったく同じ考え方をすればOK。まず底面の面積を求めて、それを高さで掛け算するだけです。

> **ここが ポイント！〈角柱や円柱の体積の公式〉**
>
> **角柱や円柱の体積＝底面の面積×高さ**

底面の面積はいろんな平面図形の面積の求め方をすでに学んだので、それを使えばいいわけです。

おぉ終了だ。

はい。終わりです。最後に、補足をします。

⇨ 体積と容積の変換

液体を入れられる量のことは別途「容積」という言葉が準備されていますといいました。容積は体積の特殊ケースだと思ってください。

容積にはわざわざ個別の単位も用意されています。それが補講の単位でお伝えしたL（リットル）です。

ここが ポイント！〈容積と体積の単位変換〉

1 mL ： 1 cm³　　（1 cm×1 cm×1 cm）
1 L ： 1000 cm³　（10 cm×10 cm×10 cm）
1 kL ： 1 m³　　（1 m×1 m×1 m）

容量や体積は1000倍ずつ増えるけど、容器の辺の長さは10倍ずつ。

そこは混乱しやすいけど重要なポイントです。「立方体の体積＝1辺の長さ×1辺の長さ×1辺の長さ」ですから、**1辺の長さが10倍になったら「10×10×10」で体積は1000倍になる**んです。

ちなみに、気になってることがあって、料理とかバイクとかでccって単位も使いますよね。あいつは何者ですか？

ccって「cubic centimeter」の略なんです。つまり立方センチメートル（笑）。

じゃあ 1cm³？

そう。**だから 1mL と 1cc はまったく同じ意味。** レシピでは cc 表記なのに、軽量カップの目盛りが mL でも焦る必要はありません。100cc は 100mL です。バイクは排気量ですが、リットル表記されることもあります。車検証には 600cc ではなく、0.6L と書かれているかもしれません。

国際単位系では容積は cc ではなく mL を使えと奨励しているけど、昔の名残で cc を使い続ける業界が一部あるんです。

なるほど。でも、**「俺のバイク 1000mL だぜ！」** と自慢されても牛乳で動いてそうでダサい（笑）。

（笑）。以上で図形のレッスンは終わりです。

ありがとうございました。いやぁ、それにしても円の面積の求め方が気持ちよかった〜。

補講 3

アナログ時計の読み方をマスター

Nishinari LABO

補講 3

LESSON 1 時間目
大事なのは「ざっくりでOK」ということ

小さな子どもが時間の概念を理解するのに苦労しがちなのは、時間を表す単位がバラバラなことが原因です。その解決策のひとつは時間の単位の起源を知ることにあると西成先生はいいます。

⇨ 混乱のポイントは「時間の単位」

小学校ではアナログ時計の読み方を習います。これがなかなかの難敵なんですね。

私も娘に何度も教えましたけど、いまいちピンとこないようで……。

鍛えるならいまのうちですよ。イギリスの新聞社が行った調査では**イギリス人の6人に1人がアナログ時計を読めない**という結果で、その多くは35歳以下だったそうです。

マジですか！

それだけデジタル時計の影響が大きいということですね。ただ小さい子どもの場合、**時間で子どもたちが混乱するのは異なる単位が入り乱れていること**です。

時計を見せて「何時何分？」と質問攻めにする前に、このあた

りの関係を理解してもらうのが先かもしれません。
ということで、最後の補講として時計の読み方を教えます。

娘が4歳くらいからずっと教えているのに、なかなか難しくて。

では、まずは時間が生まれたところから入りましょうか。
時間というものが常に流れていることは小さい子どもでもわかると思うんです。

小さい子どもでもわかる時間の単位として1年とか1日がありますけど、1年と1日では時間の長さはまったく違います。でも、いずれも「どれだけ時間がたったか？」を表す単位です。**単位があるから、私たちは数や量をかぞえることができます。**「1年」や「1日」といった長さが決まった単位があるおかげで、「1年、2年、3年」「1日、2日、3日」とかぞえることができます。

ですね。

具体的には**1年とは、春、夏、秋、冬と季節をひと回りするほどの時間。1日は太陽が昇って沈み、また昇るまでですね。**
では、「1年」や「1日」という時間の長さはだれがどうやって決めたのか。

昔は時計がなかったわけですからね。

そう。で、その答えは宇宙にあります。
地球はコマのように自らクルクル回っています。これを「自転」。同時に、時速11万キロというものすごい速さで太陽の周りを回っています。これを「公転」といいます。

地球と太陽は1.5億kmも離れているので、太陽の周りをグルっと回るには1年もかかってしまうんです。

1日の約半分は明るくて残りが暗いのは、地球が自転するときに太陽の光があたる場所とあたらない場所ができるから。

1年の中で寒い時期や暑い時期があるのは、地軸が傾いており、公転しているときに太陽との距離が近い時期と遠い時期ができるからです。

地球から見える星の位置を観測しつづけることで、人類はそのことに気づいたんです。

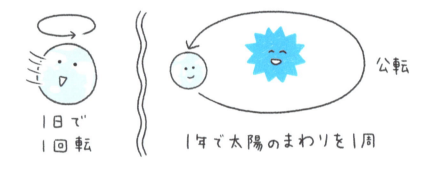

「1日」を24分割したものが「時」

古代エジプトでは、太陽の光が石の柱にあたってできる影の位置をもとに、1日を半分に分けていたそうです。時計の元祖みたいなものですね。

さらに後につくられたとみられる古代エジプトの日時計では、

太陽がでている時間と月がでている時間をそれぞれ12分割していました。

そんな昔から。それが「1時、2時」といった時間の起源ですか？

そう。**1日を半分に分け、さらにそれぞれを12こに分けた。だから1日は24時間なんです。**昔の人がたまたま自転1回分を24こに分けようと決めただけです。

なぜ12なんですかね。

ひとことでいえば12進法を使っていたからです。12進法の背景には月の存在があります。

今度は月ですか。

当然昔の人も月を見ていたわけですけど、**月が新月（もっとも欠けた状態）から満月（丸い状態）になり、また新月に戻る周期は約30日。これが「1カ月」の起源です。**

では地球が**太陽の周りを1周する間にその周期が何回あるかというと12回。**だから昔の人にとって12という数字は特別な数だったんです。

明るい時間帯を12分割、暗い時間帯を12分割する時間の刻み方は「不定時法」といいます。「1時間の長さが一定ではない」という意味ですね。

あ、夏は明るい時間が長くて、冬は短いってやつ？

その通り。季節によって日照時間が違うからです。
昔の人は太陽がでている時間を中心に生活をしていたので、この仕組みは使い勝手がよかったんですね。季節によって日がでている時間が変わっても、単純にそれを分割すればいいだけですからね。世界中で長年使われてきました。
日本も150年くらい前まで不定時法を使っていたんです。
日本の場合は昼と夜を6分割していました。

ずいぶん最近まで。

1時間という長さを均一にならし、1日をきれいに24こに分ける定時法という仕組みが生まれたのは、機械時計ができてからです。 機械時計の普及が進んだ国から定時法に切りかわっていったんです。私たちがいま使っている「1時、2時」という単位は、人類の歴史からみればかなり新しいんです。

へぇぇ。

ところで昔の人たちがなぜ1日という単位を細かく分けたのか、わかりますか？

うーん……。「渋谷で5時」※ができないから？
（※1993年に発表された鈴木雅之と菊池桃子のデュエット曲）

親世代しかわからない（笑）。
でもそうですよね。**時間を細かい単位で分け、みんなで共有することで、「何時にどこに集合」「何時から仕事開始」「何時に起こして」みたいなことができるようになったんです。** みんなバラバラの生活をしているだけなら時間の単位は必ずしも必要では

ないですけど、いろんな人と一緒に生活する現代文明では、細かい時間の単位があったほうが便利なんです。

⇨「1時間」を60分割したものが「分」

「1日」を「24時間」に分けることを考えついた人類は、1時間をさらに細かく分けることを思いつきました。**1時間を60分割したものが「分」。分をさらに60分割したものが「秒」です。**「分」の英語 minute の語源は「細かく分ける」。では「秒」って英語でなんといいますか？

second。……あれ？ 「2番目」？ 単位なのに？

そう。**「分」が「分ける作業の1段階目」、「秒」が「分ける作業の2段階目」**という意味なんです。

そういうことだったんですか！

では「分」という単位がないと不便なことってどんなときでしょう？

カップラーメンをつくるときです（即答）！

たしかに(笑)。歴史的には鉄道の運行がはじまったときに、1時間刻みではダイアグラムが組めないということで「分」という単位が本格的に普及しだしたそうです。

おもしろい！ でも、なんで60分割なんですか？

「分」と「秒」という単位はもともと天文学や航海術で使われていた「角度の単位」だったんです。360度の1度を60分割したものが「分」。それをさらに60分割したものを「秒」と呼んだわけです。角度をつくったバビロニア人が60進法を使っていたので、「分」や「秒」も60刻みなんです。

「分」「秒」は、もともとは角度なのかぁ。

でも、直感的におかしくはありませんよね。だって昔の人たちは天体の角度で時間を認識していたわけですから。

あ……日時計が分度器だと思えばたしかにそうかも。

でしょう。現在、時間の基本単位は「秒」です。国際単位系の**「秒」の定義は、「セシウム133原子の基底状態の二つの超微細構造準位の遷移に対応する放射の周期の91億9263万1770倍の継続時間」**です。

は？

非常に精密な定義になっています。
つまり、現代では1秒が決まれば1分が決まり、1分が決まれば1時間が、そして1時間が決まれば1日が決まる、というように、1秒の長さを正確に再現することにフォーカスしているんです。

⇨ アナログ時計は短針だけ見ればいい

小学校ではアナログ時計の読み方を習います。これがなかなかの難敵なんですね。アナログの時計の説明って、「短針は時間を、

388

長針は分を指しています」みたいな流れが一般的だと思うんですけど、**まずは短針の読み方だけでいいですよ。長針は見なくていい。**

短針だけ？

だって短針だけみれば、1をぴったり差していれば「1時」、1を少し過ぎていれば「1時ちょっと過ぎ」、1と2の中間なら「1時半くらい」ってわかるから生活でじゅうぶん使えます。

時計の読み方を初めて習う子どもにとってアナログ時計って情報量が多すぎると思うんですよね。だから最初は短針だけでざっくり何時かわかればOK。

「ざっくりでOK大作戦」。まさに昔の人と同じですね。

そうそう。細かく時間を把握する必要がでてきたら、そこで長針を見ればいいんです。

▶「分」は大きな刻みからかぞえる

ざっくり時間をつかんで、より細かく時間を知りたいときに「分」を読めばいいと？

そう。そうすると「もうすぐ2時」とわかっているのに長針を読みだしたとき、「2時30分」ということはないですよね。
で、「分」の読み方で、教えてあげたいことは3つあります。1時間を60こに分けたものが「分」であることや、短針だけでもざっくり時間がわかることを子どもが理解している前提です。

①時計に書いてある数字は「時間」を表すもので「分」を表すものではない
②アナログ時計は「丸い定規」である
③アナログ時計できっちり「分」を読み取ることはできない

学校や事務所にあるようなシンプルなアナログ時計の目盛りって、よくみると子どもたちが学校で使う定規の目盛りと同じようなデザインですよね。1刻みの線が一番短くて、5刻みおきに少し長い。だから「分」を読み取るときはアナログ時計を丸い定規だと思えばいいんです。
ただし、混乱するのが時計に書いてある「1、2、3……」という数字。**これは「時間」用（短針）の目盛りであっ**

て、「分」用（長針）の目盛りではないことを教えて
あげてください。

わかりました。

そして、長針を読むとき、**「3」を見たら「15 分」と脳内変換で
きるようになるのが理想ですが、最初は 30 分単位で OK。**
慣れたら 15 分、10 分、5 分単位の順に、覚える目盛りを徐々に
細くしていくことがやはり王道でしょう。
最終的には「1 分単位」で読めるようになってほしいんですが、
**そもそもアナログ時計はざっくり時間をつかむた
めのものなので、細かく見れなくてもいいかな。**

1 分単位の正確性を求めるならデジタル時計を見ればいいと。

はい。少なくともそう
いう使い分けがある
ことはちゃんと教え
てあげてほしいです。

以上で最後の補講も
終わり。長らくお疲れ
さまでした。

ついに終わりましたか。いやぁ、今回の取材といままでのシリー
ズで小中高の算数と数学とカバーできたので、娘になにを聞か
れても説明できる自信が湧きました。本当にありがとうござい
ました。

こちらこそ。**では、また逢う日まで！**

おわりに

「先生、やっぱり算数もぜひお願いします。」

　これまで、中学、そして高校の数学をわかりやすく教えるシリーズを著してきましたが、実は「わざと」算数は避けていました。
　しかし、ついに執筆依頼を断りきれず引き受けることにしまして、難産の末にやっと出版までこぎつけました。

　なぜ避けてきたのか、それは**ある意味で算数が一番難しい**からです。
　例えば読者の皆さん、自転車にスイスイ乗れますか？
　私の知人には自転車に乗れない人がいます。そういう人に自転車の乗り方をどう教えればよいでしょうか。また、日本に来た外国人に、お箸の持ち方を教えるにはどうしたらよいでしょうか。

　ふだん無意識で行っていることを人に教えるのはとても難しいのです。初めは苦労して練習したはずなのですが、いったん身につけると何も考えずに自然にできるようになります。この状態になると、その方法を人に伝えるのがとても難しくなります。

　算数もこれに似ていて、例えばなぜ分数で割るときにひっくり返して掛けるのか、こうした長年にわたって無意識でやってきたことをわかりやすく説明するのは「至難の業」といえるでしょう。

　でも、そうした**算数のさまざまな疑問に正面から答えようと挑戦したのが本書です。**
　そのために、40年以上ぶりに小学校6年間の教科書のすべてに目を通し、時には当時の淡い初恋を思い出しながら、時間をかけて自分自身

の無意識の世界に踏み込んでいきました。

　本書で浮き彫りにしたこのさまざまな無意識の部分を理解しないと、おそらくいつまでも算数の苦手意識が残り、それがその先の数学嫌いにつながっていくのではないかと思っています。

　ここ数年、そうした「算数をこじらせてしまった大人」からの熱い（！）要望をたくさん頂いており、それが後押しになって全力で本書に取り組むことができました。

　結局、中学・高校版よりもだいぶ苦労しましたが、今回もライターの郷さんとその小学生のお子さん、そして編集の田中さんには大いに助けられました。もう感謝しかありません。

　どこまで目標達成できたかはわかりませんが、少なくともふだんあまり語ることのない、自分なりの算数の世界観は表現できたのではないかと思います。

　数学は典型的な積み上げ式の学問で、**算数という基礎工事が少しでも怪しいと、その上に建物を建てられません。**
　本書が少しでも皆様の「数学の家づくり」のお役に立てればと願っています。本当に最後までお読み頂きありがとうございました。

　それではまたどこかでお会いできるのを楽しみにしております。

2024年9月　　西成　活裕

【著者紹介】

西成　活裕（にしなり・かつひろ）

◉──東京大学大学院工学系研究科教授。専門は数理物理学、渋滞学。
◉──1967年、東京都生まれ。東京大学工学部卒業、同大大学院工学研究科航空宇宙工学専攻博士課程修了。その後、ドイツのケルン大学理論物理学研究所などを経て現在に至る。
◉──予備校講師のアルバイトをしていた経験から「わかりやすく教えること」を得意とし、中高生から主婦まで幅広い層に数学や物理を教えており、小学生に微積分の概念を理解してもらったこともある。2021年イグ・ノーベル賞受賞。
◉──著書『東大の先生！ 文系の私に超わかりやすく数学を教えてください！』（小社刊）は全国の数学アレルギーの読者に愛され、20万部突破のベストセラーに。『渋滞学』（新潮社）で講談社科学出版賞などを受賞。『とんでもなく役に立つ数学』（KADOKAWA）、『東大人気教授が教える　思考体力を鍛える』（あさ出版）など著書多数。

【聞き手】

郷　和貴（ごう・かずき）

◉──1976年生まれ。自他ともに認める文系人間。数学は中学時代につまずき、高校で本格的に挫折した。しかし西成教授の数学と物理の授業を受けて、面白さに目覚めた。育児をしながら、月に1冊本を書くブックライターとして活躍中。
◉──手がけた書籍として『東大の先生！ 文系の私に超わかりやすく数学を教えてください！』（聞き手。西成活裕著／小社刊）、『天才なのに変態で愛しい数学者たちについて』（KADOKAWA）などがある。

東大の先生！
文系の私に超わかりやすく算数を教えてください！

2024年10月21日　第1刷発行
2025年2月3日　第3刷発行

著　者──西成　活裕
発行者──齊藤　龍男
発行所──株式会社かんき出版
　　　　　東京都千代田区麹町4-1-4 西脇ビル　〒102-0083
　　　　　電話　営業部：03(3262)8011代　編集部：03(3262)8012代
　　　　　FAX　03(3234)4421　　振替　00100-2-62304
　　　　　https://kanki-pub.co.jp/

印刷所──ベクトル印刷株式会社

乱丁・落丁本はお取り替えいたします。購入した書店名を明記して、小社へお送りください。ただし、古書店で購入された場合は、お取り替えできません。
本書の一部・もしくは全部の無断転載・複製複写、デジタルデータ化、放送、データ配信などをすることは、法律で認められた場合を除いて、著作権の侵害となります。
©Katsuhiro Nishinari 2024 Printed in JAPAN　ISBN978-4-7612-7752-9 C0041

好評発売中!

東大の先生!
文系の私に超わかりやすく
数学を教えてください!

西成活裕 著
聞き手 郷和貴

R16指定

中学生は決して読まないでください!!
5〜6時間で中学3年分の数学が終わってしまう
「禁断の書」ついに発刊!

||　好評発売中！　||

東大の先生！
文系の私に超わかりやすく
高校の数学を教えてください！

西成活裕　著
聞き手　郷和貴

R16指定

高校生は決して読まないでください！！
5〜6時間で高校文系数学が終わってしまう
「禁断の書」ついに発刊！

好評発売中!

東大の先生!
文系の私に超わかりやすく
物理を教えてください!

西成活裕　著
聞き手　郷和貴

神がつくったこの世の中のしくみが、
手に取るようにわかる⁉
5～6時間で高校物理がほぼ終わってしまう
「神秘の書」ついに発刊!

‖ 好評発売中！‖

データ分析の先生！
文系の私に超わかりやすく
統計学を教えてください！

高橋信　著
聞き手　郷和貴

注目！「文系人間」は心して読んでください。
チンプンカンプンだった統計学の
「文系のための翻訳書」ついに発刊！

|| 好評発売中！ ||

東大の先生！
超わかりやすくビジネスに効く
アートを教えてください！

三浦俊彦　著
聞き手　郷和貴

常識人は心して読んでください！！
常識がひっくり返されるから、アタマに効く！
「刺激と裏切りの本」ついに発刊！